U0307214

快乐读书吧·同步阅读书系

森林报

［苏联］维·比安基／著
沈念驹　姚锦镕／译
张　怡　等／绘

中国人口出版社
China Population Publishing House
全国百佳出版单位

图书在版编目（CIP）数据

森林报 / （苏）维•比安基著 ; 张怡等绘 ; 沈念驹，姚锦镕译. — 北京 : 中国人口出版社, 2022.9（2023.10重印）
（快乐读书吧•同步阅读书系）
ISBN 978-7-5101-7793-4

Ⅰ. ①森… Ⅱ. ①维… ②张… ③沈… ④姚… Ⅲ. ①森林—少年读物 Ⅳ. ①S7-49

中国版本图书馆CIP数据核字(2021)第267919号

快乐读书吧·同步阅读书系
KUAI LE DU SHU BA · TONG BU YUE DU SHU XI

森林报
SEN LIN BAO

[苏联] 维•比安基 著
张 怡 等 绘
沈念驹 姚锦镕 译

责任编辑 王素娟
装帧设计 张 青 熊灵杰
责任印制 林 鑫 王艳如
出版发行 中国人口出版社
印 刷 武汉新鸿业印务有限公司
开 本 787毫米×1092毫米 1/16
印 张 16.25
字 数 115千字
版 次 2022年9月第1版
印 次 2023年10月第2次印刷
书 号 ISBN 978-7-5101-7793-4
定 价 35.00元

网 址 www.rkcbs.com.cn
电子信箱 rkcbs@126.com
总编室电话 (010)83519392
发行部电话 (010)83510481
传 真 (010)83538190
地 址 北京市西城区广安门南街80号中加大厦
邮政编码 100054

·名师导读·

别样的科普读物

周雷艳
浙江省温州市马鞍池小学语文教师、市骨干教师

如果说世界上有人能听懂动物的语言，或者能明白植物的心思，那么苏联的维·比安基就是其中的一个。维·比安基的父亲是一位著名的生物学家，在家庭环境的熏陶下，维·比安基从小就喜欢大自然，他会仔细观察每一株小草、每一只飞禽走兽，他去钓鱼、捕鸟，在森林里散步，去喂野兔、刺猬、松鼠和鹿。他通过多年的观察、记录和整理，用生动、轻快的笔触，将那些动植物及它们之间发生的有趣的故事写进书里，这本书就是《森林报》。

说到“报”，你的脑海里会出现什么呢？是严肃的新闻报道，还是无聊的广告宣传？如果你认为《森林报》也是这样的，那你就大错特错了。我敢保证，只要你打开《森林报》，你一定会被它迷住，舍不得放下。

维·比安基按照时间顺序，分四季十二期来介绍森林里的

植物如何发芽、长叶、开花、结果，写动物们如何出生、长大、繁殖，写候鸟如何迁徙，写天气如何转变，等等。在作者的眼中，森林里的一切都是有生命的。花儿开放，那是在竞赛；鸟儿歌唱，那是在房顶开音乐会。他提醒苍蝇当心蜘蛛这群“流浪汉”，他称森林里的一片草地为“剧场”，而主角就是琴鸡中漂亮的雄鸡。爱吃腐食的熊、喜鹊、乌鸦、蚂蚁、屎壳郎等组成了森林的“清洁工”，飞行高手金雕是盘踞在空中的“小飞机”……

《森林报》这本书的版块设计也独具匠心。维·比安基模仿报刊的形式，将内容分成不同版块，分栏目编排。各栏目的内容独立成篇。由于出版时间久远，有些栏目的内容与当下人们的生活相去甚远，如“狩猎纪事”等。因此，本书做了部分删减，主要保留“林间纪事”“都市新闻”“鸟邮快信”“天南地北”等栏目中最精华的部分。

“林间纪事”“鸟邮快信”都是以小故事的形式介绍发生在森林里的各种各样的事情,读起来特别亲切、自然。“天南地北”栏目以无线电呼叫与回答的形式介绍发生在各个地方的动植物的新闻：有的来自寒冷的苔原，有的来自原始森林，有的来自沙漠，有的来自海洋。我们足不出户，也能知晓天下事。

《森林报》是一本有趣的故事书。读着，读着，你会忍不住会心一笑。冬天来临了，一只饥肠辘辘的小狐狸正在森林里寻吃的。忽然，它发现了一只灰色毛皮的小兽，那只小兽的一小段尾巴露在树丛外面。小狐狸蹑手蹑脚地跟上去，猛地向前一扑。你猜怎么着？小狐狸刚接触到这小兽的皮肤，立刻就觉得不对劲儿，因为味道实在太恶心了。原来，小狐狸咬住的是一只鼩鼱。它和老鼠的个头差不多，长相也有几分相似，但是鼩鼱身上的味道类似麝香，让人闻着难受又恶心。你如果看到这只缺乏经验的小狐狸倒霉的样子，一定会笑得合不拢嘴的。

这样好玩的故事在《森林报》中俯拾皆是。看完书，你可以和同伴们交流交流，什么地方最吸引你们的目光，哪个故事最有趣，动物的哪些习性最让人大开眼界……

《森林报》是一本幽默的文学著作。有些同学一听到要读厚厚的文学书，总是很害怕，害怕自己看不下去，害怕书太生硬、太难懂。但是，我要告诉你，如果你看的是《森林报》，绝对不会有这样的担心，因为维·比安基的语言太幽默啦。

你看，在维·比安基的笔下，狐狸的洞穴塌了顶，便跑到獾的家里大肆破坏。把獾赶走后，狐狸就拖儿带女地搬进了獾那舒舒服服的家。这一段读来真是让人忍俊不禁。爱窃取他人食物的长耳猫头鹰也有被偷的时候，如果你没有看到那一出“贼被贼偷”的大戏，那可真是太可惜了。不太机灵的兔子安安心心地待在灌木丛中睡大觉，结果河水暴涨，把它困在了树上，想知道兔子的后续状况，请读《森林报》。

《森林报》是一本包罗万象的百科全书。从春到冬，从候鸟回家到安家筑巢、结伴飞翔，再到冬客光临、残冬盼春，作者给我们介绍了天上的飞鸟、地上的走兽、草丛里的昆虫，以及水里的游鱼。

如果你想选出动物中最好的住房，那可不容易，因为每一种动物的住房都各有特色：鼹鼠的窝很复杂，有许许多多的通道和出口；柳莺的窝很美丽，柳莺把窝编织在树枝上，并用地衣和轻薄的桦树皮来装饰，此外还不忘把从一个别墅花园里捡来的五颜六色的花纸片编织进去美化一番；长尾山雀的巢最舒适，巢的内部用羽毛、绒毛和兽毛编成，外部则用苔藓和地衣粘牢……动物们的奇思妙想比起人类来也是毫不逊色的呀。

你知道每一个兔宝宝都有好多的“妈妈”吗？你知道冬眠的青蛙为什么被称为“玻璃美人”吗？鸟儿迁徙时是往哪个方向飞的呢？这些问题，《森林报》都会为你一一解答。

今天，我们大多数人都生活在城市里，每天被高楼大厦包围，很少有机会走进森林，亲近自然。现在，让我们插上想象的翅膀，在幽默风趣的语言中去感受自然的美好吧！

目录
CONTENTS

本报首位驻林地记者

早年,列宁格勒[①]人和林区居民经常会在公园里遇见一位白发苍苍的教授。他戴着眼镜，目光专注，仔细听着小鸟的声声鸣叫，细心观察身边飞过的每一只蝴蝶和苍蝇。

我们这些大都市的居民不会那么细心留意春天每一只新孵化出来的雏鸟和每一只新出现的蝴蝶，但春天的每个新景象都逃不过他的眼睛。

这位教授就是德米特里·尼基福罗维奇·卡依戈罗多夫。一连半个世纪，他都坚持观察我们这个城市和近郊生机盎然的自然界。在整整50年的时间里，他亲眼看着春、夏、秋、冬先后交替，反复轮回。鸟儿飞来又飞走，花开花又落，树木泛绿再变得枯黄。卡

---

① 列宁格勒：俄罗斯城市圣彼得堡的前称。

依戈罗多夫教授一丝不苟地把自己观察的结果及时地记录下来，并在报纸上发表。

他还呼吁别人，特别是年轻人，去观察大自然，把观察结果记录下来寄给他。许多人都响应了他的号召。他率领的观察大军人数与日俱增，阵营日益壮大。

直到现在，许多热爱大自然的人——我国的地方志学者们，仍以卡依戈罗多夫教授为榜样，持续不断地从事观察和收集工作。

卡依戈罗多夫教授在 50 年中积累了大量的观察成果。他把这些资料汇集在一起。多亏他长年累月、坚持不懈地细致工作，加上许多其他科学家的努力，我们才能了解春天里飞来的是什么鸟儿，它们又是什么时候飞来的，秋天什么时候飞走；才能了解树木花草的生长情况。

卡依戈罗多夫教授为孩子和大人写了许许多多有关鸟类、森林和田野的书。他一直认为，孩子们研究大自然，不该仅靠书本，还要到森林和田野里多走走。

卡依戈罗多夫教授多年重病缠身。1924 年 2 月 11 日，他来不及迎接春天，就与世长辞了。

我们将永远纪念他。

森 林 年

我们的读者也许会误以为，刊登在《森林报》上的森林和都市新闻都是些陈年旧事。事实并非如此。不错，年年都有春天，可每年的春天都是新的，不管你经历过多少个春天，每个春天都是不一样的。

一年就好比是一个有12根辐条的车轮，每根辐条就是1个月，12根辐条全转过去，车轮就滚了一大圈。接着，又该轮到第一根辐条转了。轮子这时候已不在原来的地方，而是已经前进了好一段距离了。

又一个春天来了，森林苏醒，熊从洞穴里爬了出来，春水淹没了“地下居民”的洞穴，鸟儿飞来了，开始嬉戏舞蹈，野兽也开始生儿育女。于是，读者又在《森林报》上读到了最新鲜的林中新闻。

我们在这里刊载了每年的森林年历。森林年历与普通的年历截然不同，不过这也没什么好大惊小怪的。

要知道，鸟儿们跟我们人类的生活方式不一样。森林里的动植物都依照太阳的运转过日子，所以鸟儿们有自己独特的历法。

太阳在天上转了一个大圈，就过了一年。太阳走过一个星座（也就是黄道的一个宫），便过了一个月。所谓的黄道带就是黄道十二宫的总称①。

森林年历里的新年不在冬季，而是在春季。这时候，太阳正进入白羊宫。森林里迎来太阳的日子，被一片喜气洋洋的节日气氛环绕着；而送走太阳的时候，森林里就变得愁云惨淡的了。

我们也按照普通的历法，把森林年历的一年分成了 12 个月。不过，我们按森林里的具体情况，给每个月取了不一样的名字。

---

① 黄道带就是黄道十二宫的总称：在地球绕太阳做圆周运动时，在地球上看来，似乎太阳在天空每年做一次圆周运动，太阳的这一移动路线（视路径）就叫作“黄道”。黄道两侧各宽 8 度的区域就是“黄道带”。古人为了表示太阳在黄道上的位置，把黄道带分为十二段，叫“黄道十二宫”。从春分起依次为：白羊宫、金牛宫、双子宫、巨蟹宫、狮子宫、室女宫、天秤宫、天蝎宫、人马宫、摩羯宫、宝瓶宫、双鱼宫。

森林年历

月　份

1 月	苏醒月（春一月）	3 月 21 日到 4 月 20 日
2 月	候鸟回乡月（春二月）	4 月 21 日到 5 月 20 日
3 月	歌舞月（春三月）	5 月 21 日到 6 月 20 日
4 月	筑巢月（夏一月）	6 月 21 日到 7 月 20 日
5 月	育雏月（夏二月）	7 月 21 日到 8 月 20 日
6 月	成群月（夏三月）	8 月 21 日到 9 月 20 日
7 月	候鸟辞乡月（秋一月）	9 月 21 日到 10 月 20 日
8 月	仓满粮足月（秋二月）	10 月 21 日到 11 月 20 日
9 月	冬季客至月（秋三月）	11 月 21 日到 12 月 20 日
10 月	小道初白月（冬一月）	12 月 21 日到 1 月 20 日
11 月	忍饥挨饿月（冬二月）	1 月 21 日到 2 月 20 日
12 月	熬待春归月（冬三月）	2 月 21 日到 3 月 20 日

·森·林·报·

春

森 林 报

第一期

苏醒月

（春一月）

3 月 21 日到 4 月 20 日　　太阳进入白羊宫

目 录

一年——分12个月谱写的太阳诗章

新年好！

3月21日是春分，这天的白天和黑夜一样长：一昼夜中一半的时间是白昼，一半的时间是夜晚。这天，是森林里的新年，森林万物喜迎春天的到来。

我们这里民间有这样的说法："三月暖洋洋，冰柱命不长。"太阳击退了寒冬，积雪变得松软了，表面出现了蜂窝状的孔洞，白雪变得灰不溜秋的，再也不像冬季那样了——它坚持不下去了！一看颜色，就知道积雪快要化完了。屋檐上挂着的一根根小冰柱，化成亮晶晶的水，滴答、滴答，一滴又一滴地落下来……慢慢地在地上聚成了一个个小水洼。户外的麻雀在水洼里欢天喜地地扑腾着翅膀，要把羽毛上一冬积下的尘垢洗掉。花园里传来了山雀银铃般的欢声笑语。

春天展开阳光的翅膀飞到了我们这里。春天可是有严格的工作流程的：头一件事就是解放大地，让白雪融化，土地露出。这时候，溪流还在冰层下做着好梦，树木也在雪底下沉睡未醒。

按照俄罗斯的古老习俗，3 月 21 日这天早晨，大家都用白面烤“云雀”。这是一种小面包，前面捏个小鸟嘴，用两粒葡萄干当鸟的眼睛。这天，我们还要放生笼中的鸟儿。按照我们的新习俗，“爱鸟月”开始了。这一天，孩子们个个都在为这些有翅膀的朋友忙活：他们在树上挂上成千上万个鸟屋——椋鸟①屋、山雀屋、树洞式鸟屋；他们把树枝捆绑起来，方便鸟儿做窝；他们为那些可爱的小客人开办免费食堂；他们在学校和俱乐部举办报告会，讲述鸟类大军怎样保护我们的森林、田地、果园和菜园，谈谈应该怎样爱护和欢迎我们活泼愉快、长着翅膀的歌唱家们。

3 月里，母鸡可以在家门口尽情畅饮了。

---

① 椋（liáng）鸟：中型鸣禽，性喜群飞。喜食昆虫，冬迁南方，夏返北方繁殖。

林间纪事

白嘴鸦揭开了春之幕

白嘴鸦揭开了春之幕。雪融后露出土地的地方，聚集了一群群白嘴鸦。

白嘴鸦在我国南方越冬。现在它们正匆匆忙忙回北方去，回故乡去。一路上，它们屡屡遭遇猛烈的暴风雪。途中，几十几百只白嘴鸦因体力不支而死去。

最先飞到目的地的是最强壮的白嘴鸦。现在，它们在休息。它们在道路上大摇大摆地踱着方步，用结实的喙刨土觅食。

乌云原本是黑压压、沉甸甸的，遮天蔽日，现在都已消散尽了。蔚蓝的天空上飘浮着大雪堆般的浮云。第一批兽崽降生了。驼鹿[①]和狍子[②]长出了新角。黄雀、山雀和戴菊在森林里唱起了歌。我们正期待着椋鸟和云雀的到来。我们在树根被掘起的云杉下发现了熊洞。我们轮流守候在熊洞旁，准备一见熊出来就报道。一股股雪水悄无声息地在冰下汇集。树上的积雪融化了，森林里响起滴滴答答的滴水声。夜里，寒气又重新把水结成冰。

雪地里吃奶的小兔子

田野里还是白雪皑皑的，可是兔子却已经开始产崽了。

小兔子一出娘胎就睁开眼睛，身上穿着暖和的小皮袄。它们一出生就会跑，吃饱了妈妈的奶汁后就东跑西窜，躲在灌木丛里和草墩下面，趴在那儿。兔妈妈跑得不知去向，可小兔子们不叫唤，也不折腾。

---

① 驼鹿：鹿科。体长两米多，尾短。栖息在森林的湖沼附近，善游泳，不喜成群。

② 狍（páo）子：鹿科。体长一米余，尾很短。喜食嫩树枝、浆果等。

一天、两天、三天过去了，兔妈妈在田野里蹦蹦跳跳，早把小兔子们忘到脑后去了。可是小兔子们还是乖乖地趴在那儿。它们可不能瞎跑！要不，它们就会被鹞鹰看见，或者被狐狸跟踪。

这不，终于有只兔妈妈打旁边跑过来。不对，这不是它们的妈妈，而是一位它们不认得的兔阿姨。小兔子们央求它："喂喂我们吧！""行呀，那就吃吧！"兔阿姨喂饱了小兔子们，就走了。

小兔子们又回到灌木丛里去趴着，而它们的妈妈还不知道正在哪里喂别家的小兔子呢。

原来兔妈妈们有这么一个规矩：所有的孩子都是大家的。不论兔妈妈在哪儿，只要遇到一窝小兔子，都会给它们喂奶。不管这些小兔子是这只兔妈妈生的，还是别的兔妈妈生的，都一视同仁！

你们以为小兔子们离开了家人的照顾就过得不好吗？才不呢！它们身上穿着皮袄，暖暖和和的。兔妈妈的奶汁又浓又甜，小兔子们吃了一顿，好几天都不饿。

到第八九天，小兔子们就开始吃草了。

最先绽放的花

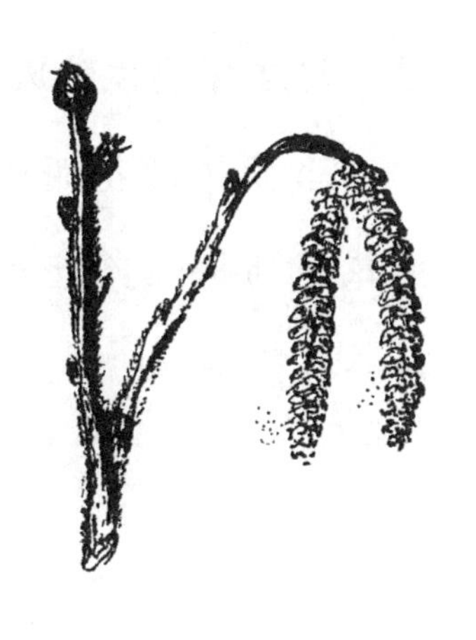

头一批花露面了，不过，别在地面上找，地面还盖着雪呢。森林里，只有边缘一带的水淙淙流淌着，水漫到了沟渠的边沿。瞧，就在这儿，在这褐色的春水上面，光秃秃的榛树枝头，开出了头一批花。

一根根富有弹性而柔软的灰色“小尾巴”，从树枝上垂下来。人们把它们叫作柔荑花序，但其实它们并不像耳环[①]。你把这种“小尾巴”摇一下，许多花粉就会像云彩一样纷纷地飘落下来。

---

① 耳环：在俄语中“柔荑花序”和“耳环”两词的发音和拼写完全相同。这里是活用谐音。

怪的是，这几根榛树枝上还开着别的花。这种花，有的成双成对，有的三朵生在一起，很容易被人当作花蕾。每个“花蕾”的尖儿上，伸出一对又像细线又像小舌头的粉红色的小东西。原来，这是雌花的柱头[①]，它们能接住从别的榛树枝上随风飘来的花粉。

风无拘无束地在光秃秃的树枝间游荡。没有树叶，也没有别的东西阻挡风去摇晃那些“小尾巴”，雌花的柱头就这样接住随风吹来的花粉。

当榛树的花凋谢的时候，花序会脱落，那些奇异小花上的粉红色柱头会干枯，而每朵小花最后都会变成一颗榛子。

H. 帕甫洛娃

---

① 柱头：花朵中雌蕊的顶端。

春天里的应对之策

森林里，温和的动物常常会被凶猛的动物袭击，一旦被凶猛的动物发现，可能就没命了。

冬天，浑身雪白的兔子和山鹑在白茫茫的雪地里不容易被发现。可现在，雪在融化，许多地方露出了土地。狼呀，狐狸呀，鹞鹰呀，猫头鹰呀，甚至小小的白鼬、伶鼬这类小型肉食动物，老远就能发现化了雪的黑色土地上的白色皮毛和羽毛。

于是，白兔子和白山鹑使出了妙招：来个乔装打扮，脱毛换色。白兔子浑身上下换成了灰衣衫；白山鹑褪掉好多的白羽毛，换上褐色和红褐色带条纹的新装。经这一番改装换色之后，它们就不容易被敌人发现了。

有些攻击性很强的动物也跟着改装换色。伶鼬冬天里一身素装；白鼬也一样，冬天里浑身雪白，只有尾巴尖是黑的。这两种动物利用白色皮毛的有利条件，在白色雪地里轻而易举地靠近并袭击温和的小动物。可现在它们换毛变色了，把自己变成了一身灰。不过白鼬的尾巴尖没有变，还是原先的黑色。尾巴尖上这点儿黑斑，无论是冬天还是夏天都碍不了大事，因为雪地上也有黑色的斑斑点点，那是尘屑和枯枝败叶之类的东西。在地面上和草丛里，这种黑点更是随处可见。

浑身雪白的兔子

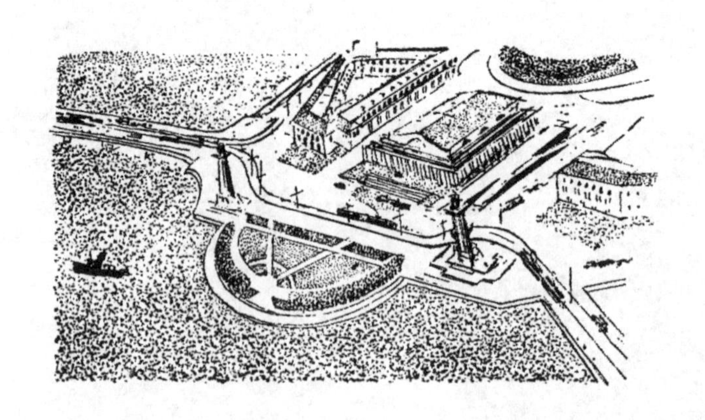

都市新闻

房顶音乐会

每天晚上，房顶上都会举办猫儿音乐会。猫儿特别喜欢开音乐会。不过，这种音乐会总是以歌手们不顾死活地大打一场而结束。

走访阁楼

《森林报》的一名记者近日跑遍了城市中心区的许多房子，调查阁楼住户的生活状况。

居住在阁楼角角落落的鸟儿们十分满意。它们觉得冷的时候，可以紧挨壁炉的烟囱，不花钱就能取暖。鸽子已经在孵蛋，麻雀和寒鸦在满城寻找秸秆，好把它们收集起来搭窝，然后收集绒毛和羽毛做软垫子铺在窝里。

只是猫儿和小孩儿时不时来破坏它们的窝，害得小鸟儿们叫苦不迭。

为椋鸟们准备好住房吧

谁要想让椋鸟在自家花园里安居下来，就赶快给它造个小房子吧。这个小房子应该干干净净，房门要开得不大不小，椋鸟钻得进去，小猫却进不去。

还要在门内侧钉上一块三角形的木板，这样小猫的爪子就够不到椋鸟了。

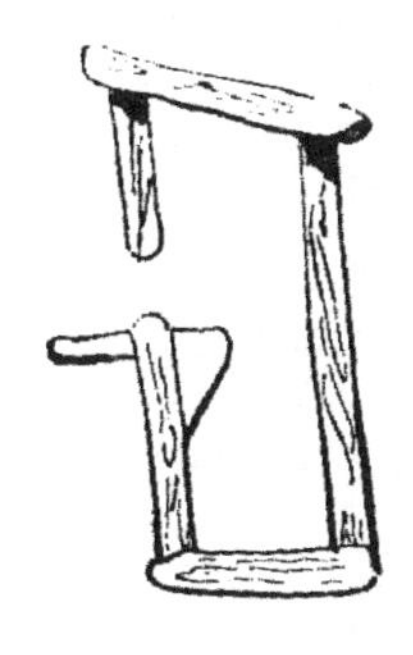

春天的鲜花

花园、公园和庭院里处处盛开着黄灿灿的款冬[①]。

街上也有一束束林中早开的春花出卖。卖花人管这种花叫“雪下紫罗兰”，但它的颜色和香气都不大像紫罗兰。其实“獐耳细辛[②]”才是它的真名。

树木也苏醒过来了，树液不是已经开始在桦树的树干里流淌了吗？

空中传来号角声

空中传来阵阵号角声，列宁格勒的居民们感到很惊奇。大清早，城市还在沉睡，街道上还是静悄悄的，所以号角声听起来格外清晰。

眼力好的人放眼望去，就能见到云彩下正飞过大群大群伸着长脖子的白色大鸟，这便是一大群爱叫唤的白天鹅。

---

① 款冬：菊科多年生草本植物，丛生，叶片宽卵形或心脏形，有波状疏锯齿，下面密被白色绵毛。

② 獐耳细辛：毛茛科多年生草本植物，有短根状茎，叶片为正三角宽卵形。

年年春天，白天鹅都会从我们的城市上空飞过，发出“呜啦、呜啦”嘹亮的“号角声”。只是城市里人声嘈杂，车来车往，我们便很难听到它们的“号角声”了。

这时候，它们急着赶路，飞往科拉半岛和阿尔汉格尔斯克一带，飞到北德维纳河的两岸去筑巢。

天南地北

无线电通报

注意！请注意！

列宁格勒广播电台——这里是《森林报》编辑部。

今天，3月21日，是春分日，我们决定进行全国各地无线电广播通报。

我们呼叫东、南、西、北各方注意！

我们呼叫苔原、原始森林、草原、高山、海洋和沙漠地区注意。

请报告你们那里当日的情况！

请收听！请收听！

苔原亚马尔半岛广播电台

我们这里还是不折不扣的冬天，丝毫嗅不到春天的气息。

一群来自北方的鹿正在用蹄爪扒开积雪，踩碎冰层，寻找苔藓充饥。

到了4月7日，还会有乌鸦飞到我们这儿来！我们那时候就要欢庆“沃恩加—亚利节”，也就是乌鸦节了。我们这里的春天是从乌鸦飞来的那天开始算起的，就好像你们列宁格勒的春天是从白嘴鸦到来的那天算起一样。在我们这儿，压根儿就没有白嘴鸦。

新西伯利亚原始森林广播电台

我们这儿的情况跟你们列宁格勒郊区差不多：你们不也是地处原始森林带吗？我们全国广大地区都是

这种针叶林和混合林带。

我们这儿夏天才有白嘴鸦，而春天是从寒鸦飞来的那天算起的。寒鸦虽不在我们这儿越冬，但它们是春天最早飞回我们这儿的鸟类。

我们这儿的春天来也匆匆，去也匆匆。

外贝加尔草原广播电台

一大群粗脖子的羚羊——黄羊——已纷纷南下，离开这里向蒙古迁徙。

最初的融雪对它们来说是场不折不扣的大灾难，因为白天融化了的雪到了严寒的夜晚又结成了冰。一马平川的草原简直成了大溜冰场了。羚羊平滑的蹄子踩在冰面上，就像踩在镜面上一样，四蹄撑不住，它就会打滑摔倒。

不过，这种羚羊跑起来健步如飞，这样才能保住自己的性命。

这时候，在冰冻无雪的春季里，有多少羚羊命丧恶狼和其他猛兽之口啊！

高加索山区广播电台

我们这里的春天自下而上向冬天发起了进攻。

高山顶上还是大雪纷飞，而山下的谷地则下着春雨。溪流奔腾，第一次春汛来了。河水暴涨，漫过河岸，汹涌着向海洋奔腾而去，一路上摧枯拉朽，所向披靡。

山下的谷地里百花盛开，枝叶繁茂。阳光充沛而暖和的南部山坡上，新绿渐渐自下而上地向山上延伸。

随着绿意渐浓，高处飞过一群群鸟儿，山下草食动物的活动范围跟着向上扩展。狼、狐狸、欧林猫，以及威胁到人类安全的雪豹相继出来捕捉狍子、兔子、鹿、绵羊和山羊。

寒冬退到了山顶，春天尾随而至。许多动物也伴随春天的脚步纷纷向山上走去。

黑海广播电台

我们这里没有本地的海豹，看见海豹的机会千载难逢。这里的海豹从水里露出的只是黑黑的长背脊——足有3米长——但很快就不见了，它们是从地中海经过博斯普鲁斯海峡[①]时偶然游到我们这儿来的。

不过，我们这里有许多别的动物——活泼可爱的海豚。在巴统市[②]附近，现在正是猎获海豚的旺季。

猎人们坐着小汽艇出海。只要看见哪里有四面八方飞来的海鸥聚在一起，那里就一定有大群的海豚。因为那里聚着一群群小鱼，海豚和海鸥正是被它们吸引来的。

海豚很贪玩，像马喜欢在草地上打滚一样，它们也喜欢在海面上翻腾，要不就是一个接一个地跃出水面，翻几个跟斗。这时候可不能靠近它们并射击，因为打不中它们的。要到它们聚在一起、大口大口吞食的地方去。这时候，即使小艇停在离它们 10 米到 15 米的地方，它们也不在乎。要做到眼明手快，立刻把击中的猎物拖到艇上来，不然死海豚很快就会沉到水下找不到了。

---

① 博斯普鲁斯海峡：黑海海峡的组成部分，在小亚细亚半岛与巴尔干半岛之间，长约 30 千米。

② 巴统市：格鲁吉亚共和国西南部，在黑海东岸，邻近土耳其边界。

中亚沙漠广播电台

我们这里也有快快乐乐的春天。春雨绵绵，还不到非常热的时候。处处碧草如茵，连沙地上也冒出青草来，真不知道如此茂盛的草是怎么长出来的。

灌木已是绿叶满枝。美美睡了一冬的动物也从地下出来了：屎壳郎和象鼻虫[①]开始飞舞，灌木丛上满是亮晶晶的吉丁虫[②]。蜥蜴、蛇、乌龟、黄鼠、沙鼠和跳鼠也从深深的洞穴里爬了出来。

① 象鼻虫：亦称“象甲”。头部有喙状延伸，呈象鼻状，故名。成虫和幼虫均为植食性。

② 吉丁虫：体色美丽，具金属光泽。头较小，垂直向下，嵌入前胸；触角短，锯齿状；足短。

巨大的黑色秃鹫成群结队地从山上飞下来，捕捉乌龟。

秃鹫善于利用自己又弯又长的利嘴把龟壳里的肉啄出来。

来了一批春天的客人，它们是小巧玲珑的沙漠莺、善舞的雕和各种各样的云雀：大型的鞑靼云雀、小巧的亚洲云雀，还有黑云雀、白翅云雀和凤头云雀。空中回荡着它们的歌声。

明媚而温馨的春天里，连沙漠里也是生趣盎然的，那里活跃着多少的生命！

我们的第一次全国无线电广播到此结束。

6 月 22 日再见。

森　林　报

第二期

候鸟回乡月

（春二月）

4 月 21 日到 5 月 20 日　　**太阳进入金牛宫**

目 录

一年——分12个月谱写的太阳诗章

4月——积雪消融了！4月刮起了风，暖和的天气将如期到来。那将是什么景象，等着瞧吧！

这个月里，涓涓细流从山上淌下来，欢快的鱼儿跃出水面。春天把大地从雪下解放出来，又承担起另一个使命：让水摆脱冰层的桎梏，争得自由之身。条条融雪汇成的溪流悄悄投奔大河，河水上涨，挣脱冰的羁绊。春水潺潺，在谷地里泛滥开来。

土地饮饱了春水，喝足了温暖的雨水，披上绿装，上面点缀着朵朵色彩斑斓的娇艳鲜花。但森林还没有绿意，正静待着春天的赐予。树木中的浆液已悄悄流动，枝干竞相吐露嫩芽，地上和凌空的枝条上的花朵纷纷绽放。

候鸟万里大迁徙

鸟儿从越冬地如滚滚波涛、成群结队地飞回来了，迁徙队伍先后有序，秩序井然。

今年候鸟飞回到我们这儿，飞行的路线和队列的排序一如从前，几千年、几万年、几十万年始终如一。

最先启程的是去年秋天最后离开我们的那些鸟，而最后出发的便是去年秋天最先离开的那批。晚来的是那些羽毛绚丽多彩的鸟儿，它们要等绿叶满枝头的时候才飞来，因为在光秃秃的大地和树木上，它们特别显眼，难以躲避猛禽和猛兽的侵害。

有一条鸟儿从海上过来的路线恰好在我们的城市和列宁格勒州上空，这条空中路线被称为“波罗的海航线”。

“波罗的海航线”一端紧靠阴沉沉的北冰洋，另一端隐没在百花盛开、阳光灿烂、天气炎热的地方。一眼望不到边的海鸟和近岸的鸟类，各有各的阵列，各有各的次序，成员多得数不胜数。它们在空中浩浩荡荡飞过，沿非洲海岸，经地中海，过比利牛斯半岛沿岸，越比斯开湾，再经过一个个海峡、北海和波罗的海飞到了这里。

跋涉途中，它们需要克服千难万险，渡过千灾百难。有时候，这些带翅膀的异乡客面前有重重浓雾阻挡，它们会无助地陷入湿气浓厚的迷魂阵中，分不清东西南北，难免会一头撞上意想不到的悬崖峭壁，落得粉身碎骨的悲惨下场。

海上的风暴会折断它们的羽毛和翅膀，吹得它们远离海岸，孤苦无依。

突如其来的寒流使海水结冰，鸟儿也因饥寒交迫而丧生。

千千万万的飞鸟成了鹰、隼、鹞这些贪婪猛禽的腹中之物。

这个季节里，大量的猛禽聚集在万里海上大征途中，它们享受着顿顿唾手可得的美味大餐。

更有成千上万只候鸟死于猎人的枪口之下。

但什么也挡不住一大群密密麻麻的漂泊者前进的脚步，它们穿越重重迷雾，排除千难万险，飞回故乡，飞回自己的巢穴。

但并非所有的候鸟都在非洲越冬，然后按“波罗的海航线”飞回。飞到我们这儿的也有来自印度的候鸟。扁嘴瓣蹼鹬越冬的地方更远，远在美洲。它们急匆匆地飞过整个亚洲才到了我们这儿，从越冬地到位于阿尔汉格尔斯克郊外的巢穴足有15000千米的路程，前后要花去2个月的时间。

戴脚环的鸟

要是你打死了一只鸟，它的脚上戴着金属环，那就请你把脚环取下来，寄到鸟类脚环管理处，地址：

莫斯科，奥尔里科夫胡同，1/11 号。同时附上一封信，说明你打死这只鸟的时间和地点吧。

要是你捕获了一只戴脚环的鸟，请记下脚环上的字母和编号，然后把鸟放归自然，并按上述地址报告自己的发现。

要是打死或捕获鸟的人不是你，而是你熟悉的猎人或别的捕鸟人，请你告诉他该怎么办。

鸟脚上的轻金属(铝)环是有人特意给鸟戴上去的。环上的字母表示的是给鸟戴脚环的国家和机构，脚环上的那些编号也记在研究人员的记事本里，那些数字就代表他给鸟戴脚环的时间和地点。

这样一来，研究人员就能了解到鸟类生活的惊人秘密。

我们在遥远的北方某地，也给鸟戴脚环，这些鸟可能会碰巧落到南部的非洲人或印度人的手中。他们会从那里寄来鸟的脚环的。

戴脚环的鸟

况且并非所有从我们这里飞出去越冬的鸟都是往南去的，有的飞向西方，有的飞向东方，也有的飞向北方。鸟的这些秘密都是通过我们给鸟戴脚环的方法而了解到的。

林间纪事

道路泥泞的时节

城外一片泥泞，林子和村子里的道路再也没有雪橇和马车了。我们历经千辛万苦才得到林中的消息。

为昆虫而生的圣诞树

黄花柳的花儿开得正旺，满树满枝全是小巧而亮晶晶的黄色小球，连那灰绿色的、多节疤的枝条都看不到了，整棵树出落得毛蓬蓬、轻飘飘的，一副喜气洋洋的样子。

柳树一开花，昆虫简直在过大节。盛装打扮的柳树丛周围呈现出一片闹哄哄、喜洋洋的景象：熊蜂[①]的

① 熊蜂：体粗壮，全体被厚毛。营群栖性生活，习性与蜜蜂相同。飞行时由于翅的振动而发出声音。对植物的传粉有很大作用。

嗡嗡声不绝于耳；苍蝇没头没脑地四处乱闯乱撞；实干家蜜蜂在雄蕊上忙忙碌碌，采集花粉。

粉蝶在翩翩起舞。瞧，这边是有锯齿状翅膀的黄蝶，那边是有棕红色大眼睛的荨麻蛱蝶。

瞧，一只长吻蛱蝶飞下来落在毛茸茸的小黄球上，它那深色的翅膀把小黄球完全遮盖起来。它伸出长长的吻管，深深地插到雄蕊间，美滋滋地吮吸着花蜜。

紧挨着一派节日气氛的树丛旁，还有一棵树，也是黄花柳，也开着花。可这花儿完全是另一副模样：都是些模样丑陋、乱蓬蓬的灰绿色小球，上面也停着昆虫。这丛灌木四周不似邻近那丛那般生气勃勃。

不过，偏是这棵黄花柳的种子正在成熟。原来，昆虫已经把黏糊糊的花粉从黄色小球上带到了灰绿色小球上。种子将会在小球内，在每一个瓶子状的长长雌蕊内部生长出来。

H. 帕甫洛娃

蚁窝动了

我们在一株云杉下找到了一个蚁窝，开始以为这只是一堆垃圾和枯叶，看不出是蚂蚁的城池，因为见不到一只蚂蚁。

现在上面的雪已经融化，蚂蚁从窝里出来晒太阳了。经过漫长的冬眠之后，它们个个虚弱不堪，缩成了一个个黑团，躺在窝上。

我们用一根小棍儿轻轻拨弄一下，它们才老大不情愿地动弹几下，连释放刺激性的蚁酸攻击我们的力气也没有。

几天之后，它们才能开始劳作。

还有谁也苏醒了

蝙蝠、各种甲虫——扁平的步行虫①、圆滚滚的黑色屎壳郎、叩头虫，它们也苏醒过来了。

快来看叩头虫变戏法吧：只要把它仰天平放在地

---

① 步行虫：鞘翅目。大多无飞翔能力，主要步行，故名。多数为肉食性。

上，它就会把头向下一磕，吧嗒一声弹起来，凌空翻个跟斗，落下来就足部着地了。

蒲公英开花了，白桦树也裹上了绿色的轻纱，眼看着就要吐出新叶来了。

第一场春雨后，泥土里钻出粉红色的蚯蚓，初生的蘑菇——羊肚菌和鹿花菌——也冒头了。

罕见的小动物

林子里传来一阵啄木鸟的尖叫声。啄木鸟叫得尖锐而急促，一听就知道，它这是大难临头了！

我赶紧穿过密林，一眼就看见空地上有棵枯树，树干上有个齐齐整整的树洞——那是啄木鸟的窝。只见一只古里古怪的动物悄悄沿着树干向鸟窝爬过去。我并不知道它到底是什么动物：毛色灰灰的，短尾巴上的毛稀稀拉拉，耳朵像小熊崽，又小又圆，一双眼睛却像猛禽，大大的，鼓凸了出来。

它到了鸟窝跟前，往里瞧了瞧，明摆着是想掏鸟蛋吃……啄木鸟见状猛扑过去！这小动物躲到树干后面，啄木鸟追了过去。小动物围着树干转，啄木鸟也跟着打起转来，紧追不放。

小动物转着转着，越爬越高，再爬上去就是树梢，无路可逃了！终于，它被啄木鸟狠狠啄了一口！小家伙纵身一跳，落在半空中……

只见它张开四肢，飘在空中，就像一片秋季坠落的枯叶。它的身体微微地左右摇晃着，尾巴像船舵一样控制着方向，飞过空地后，落到了一根树枝上。

一见这情景我才想到，原来它是鼯鼠——一种会飞的松鼠！鼯鼠的两肋长有皮膜，它只要蹬开四肢，张开皮膜，就能在树间滑翔。好一个林中的跳伞运动员！可惜的是这种小动物太罕见了。

驻林地记者　H. 斯拉德科夫

鸟邮快信

洪 水

春天给森林里的居民带来了许多灾祸。积雪迅速融化，河水暴涨，淹没了堤岸，一些地方洪水成灾，各地纷纷给我们发来动物受灾的消息。灾难面前，兔子、鼹鼠、田鼠及其他生活在田野上和地下洞穴里的小动物最倒霉。水灌进了它们的窝，它们只好背井离乡，逃离家园。

动物们各显神通，进行自救。

小个子鼩鼱[①]跳离洞穴，爬上灌木丛，坐等洪水退去。它饥肠辘辘，一副可怜巴巴的模样。

洪水漫上河岸，待在地下的鼹鼠差点儿被淹死。

---

① 鼩(qú)鼱(jīng)：哺乳动物，形似小鼠，体背栗褐色。吻部较尖细，能伸缩，齿尖红色。

它爬出地下洞穴，钻入水中，游了起来，好找个干燥的地方。

鼹鼠是游泳高手，爬上岸前，它能游好几十米。它那乌黑发亮的皮毛漂在水面上，居然没有被猛禽发现，它好不得意。

上了岸，它又顺顺当当地钻进了地下。

树上的兔子

兔子遭殃了。

兔子原来住在大河中央的岛上。夜晚它啃食小山杨树的树皮，白天躲在灌木丛中，免得被狐狸和人类发现。

这是一只幼小而不太机灵的兔子，它压根儿没觉察到四周的河水正哗啦啦地冲刷着岛上的冰。

这天，兔子正安安心心地待在灌木丛中睡大觉，阳光照得它暖洋洋的。这只斜眼的家伙没有发现，河水正迅速涨高。直到身下的皮毛被浸湿了，它才醒过来。它一骨碌跳了起来，这才发现周围已全是水。

发大水了。还好水只漫到爪子，它便跑到了岛中央，那儿还是干的。

然而河水涨得很快。小岛变得越来越小，兔子东躲西逃，眼看小岛很快就要被水淹没了，但是它又没有胆量跳进冰冷湍急的河水里——它没法在这样波涛汹涌的河里游泳。

就这样，它苦等苦熬了一天一夜。

第二天清晨，水里露出一小块干地，上面长着一棵树，粗粗的树干歪歪扭扭。六神无主的兔子被吓得围着树干直打转。

第三天，河水已涨到树下了。兔子开始往树上跳，可跳了好几次都没成功，它跌落到水里，哗啦啦地溅起了一个水花。

最后，它终于跳到了树干最低处的一根树枝上。兔子趴在上面，苦等洪水退去，它发现水已不再涨了。兔子倒不愁挨饿，因为老树皮虽然又硬又苦，但还是可以充饥的。

最可怕的是风。大风一来，树干就摇晃起来，兔子好不容易稳住了身子。这时候的它就好比爬上桅杆的水手，身下的树枝就像船上的横桁似的摇摆不定，下面奔流着的是又冷又深的洪水。

宽广的水面上漂着的是树木、树枝、枯草、麦秸和动物的尸体。

可怜的兔子，当它看见另一只兔子在波涛里慢慢从它身旁摇摇晃晃漂过去时，吓得浑身哆嗦起来。

那只兔子的爪子被树枝缠住了，现在只能肚皮朝天，摊平四肢，随波逐流。

兔子在树上苦熬了三天。

洪水终于偃旗息鼓，退了下去，兔子又回到了地面上。

现在它还得待在河中的小岛上，一直要待到炎热的夏天，到时候河水变浅，它就能回到岸上去了。

小船上的松鼠

春水淹没了草地，渔夫在里面张起了网，捕捉欧鳊鱼。他划着小船,在半泡在水里的灌木丛间慢慢穿行。

在一丛灌木上，他看见一只稀奇古怪的淡棕色蘑菇。这“蘑菇”冷不防跳了起来，径直向渔夫冲过来，落进了小船里。

刹那间，“蘑菇”摇身一变，成了一只湿漉漉、毛蓬蓬的松鼠。

渔夫把松鼠带到了岸边。它立马从船里跳了出来，跑进了林子。谁也不知道它怎么会落到水中的灌木上，又在上面待了多久。

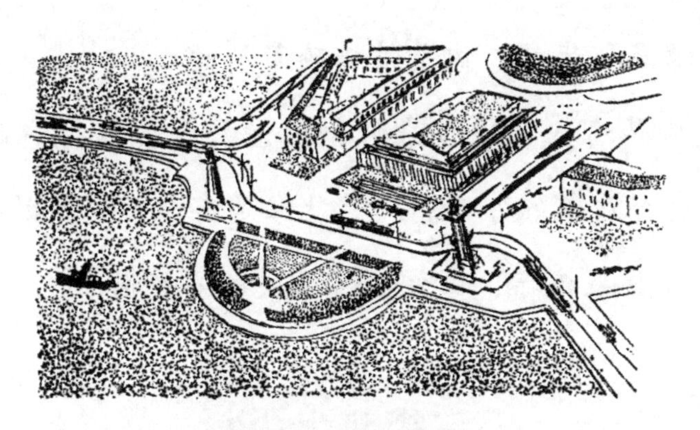

都市新闻

在花园和公园里

树木笼罩在透明的、有如呼出来的薄气一样的绿色烟雾之中，树叶刚开始舒展身姿，雾气便跟着消退了。

大而美丽的长吻蛱蝶粉墨登场了。它浑身褐色，像是披了一身天鹅绒，点缀着天蓝色的斑点，翅膀的末梢颜色次第变白、变浅。

又飞出来一只有趣的蝴蝶，像荨麻蛱蝶，但个头儿小些，色彩没有那么艳丽，不是那种深褐色。翅膀

的边缘呈锯齿状，像是被撕碎了似的。

要是有人把它捉来仔细看看，就会发现它的翅膀下面有个白色的字母“c”，就像是有人故意做的标记。

甘蓝菜粉蝶、白菜粉蝶很快也要登场了。

街头生命

每到晚上，蝙蝠就开始在城郊飞舞了。它们不理会来来往往的行人，径自在空中捕捉蚊子和苍蝇。

燕子飞来了。我们这里有三种燕子：一是家燕，家燕有一条开叉的长尾巴，脖子上有一个棕红色的斑点；二是白腹毛脚燕，短尾巴，白脖子；三是小个子的灰沙燕，灰身子，白胸脯。

家燕的窝做在城郊的木结构建筑物上，白腹毛脚燕的窝就直接黏附在石头房子上，灰沙燕则在悬崖绝壁的洞里繁殖后代。

这三种燕子飞来之后很久，雨燕才来。很容易就能把雨燕跟它们区别开来。雨燕从房顶上掠过时往往会发出刺耳的尖叫声。它们看起来几乎浑身都是黑的，翅膀不像家燕那样呈尖角形，而是呈半圆的镰刀形。

叮人的蚊子也开始露面了。

城市里的海鸥

涅瓦河一解冻，它的上空就可见到海鸥。它们丝毫不害怕轮船和喧嚣的城市，当着人的面心安理得地从水里拖出鱼来。

海鸥飞呀飞，飞累了，就直接落在住房的铁皮屋顶上休息。

咕——咕

5 月 5 日早晨，城郊的公园里响起了第一声“咕”。

过了一星期，在一个暖和、宁静的傍晚，突然，灌木丛中传来口哨声，声声清脆悦耳。开始时轻轻的，继而响了些，接着哨声蔓延开来，婉转而嘹亮，有如珠玉落盘，煞是动听。

这时，人们全明白了，原来是夜莺在啼啭。

森 林 报

第三期

歌舞月

（春三月）

5 月 21 日到 6 月 20 日

太阳进入双子宫

目 录

一年——分12个月谱写的太阳诗章

5月到了——唱吧，玩吧！春天已认认真真地着手干起了第三件事：给森林披上新装。

瞧，森林里欢乐的月份——歌舞月——就这样开始了！

胜利！太阳彻底战胜了冬天的严寒和黑暗，取得了完全的胜利——光和热的胜利。随着晚霞与朝霞握手言欢，我们北方的白夜[1]跟着开始了。赢得土地和水分以后，生命又生机勃发，昂首生长了。高大的树木披上绿装，焕发出新生的容光。无数昆虫展开轻盈的翅膀飞上高空，翩翩起舞。一到黄昏，夜战能手夜鹰和身手矫健的蝙蝠，就会出来捕捉昆虫。白天，家燕和雨燕在空中来往穿梭，雕和鹰在森林上空盘旋巡视，红隼和云雀扇动翅膀，像是被一根根看不见的线悬吊

---

① 白夜：由于地轴偏斜和地球自转、公转的关系，在高纬度地区，有时黄昏还没有过去就呈现黎明，这种现象叫作白夜。

在田野上空。

没有门扣的门打开了，长着金色翅膀的住户——勤劳的蜜蜂——纷纷飞了出来。田野里的琴鸡，水上的野鸭，树上的啄木鸟，天上的绵羊——鹬，它们无不在树林的上空歌唱、欢舞、嬉戏。用诗人的话来说，如今“我们俄罗斯的鸟儿和兽类无不欢欣雀跃。森林里的草从上一年的枯叶下钻出来，绽放出蓝色的花朵”。

我们把5月称为“哎呀月”，你可知道为什么？

这是因为这时候有点儿暖，又有点儿冷。白天，阳光和煦；到了夜晚，哎呀，真冷！5月里，树荫下是天堂，可有时还得给马铺上干草，自己也得睡火炕呢。

欢乐的5月

谁不想试试身手，展示一下自己多勇敢、多有力、多灵巧！人们很少听到歌声、看到舞蹈，见到的尽是龇牙咧嘴的打斗和捕杀，绒毛、兽毛和羽毛到处乱飞。林中的居民忙得不亦乐乎，因为这是春天里的最后一个月了。

夏天很快就要到来，随之而来的就是为筑巢和哺育后代而费心操劳。

农村里的人都说："在俄罗斯，春天永远是姑娘，日子过得真欢畅。可总有一天，布谷鸟一叫，夜莺开口一唱，它还不是得让出位子让夏天去坐。"

林间纪事

林中乐队

到了这个月，夜莺放开喉咙，白天唱，夜晚也唱，恨不得一会儿也不歇着。

孩子们纳闷了：它倒是什么时候睡觉呢？春天里的鸟儿忙个不停，顾不上多睡觉。鸟儿睡眠的时间都很短：唱一会儿歌，唱着唱着，打个盹；转眼又醒过来，再唱；也只是半夜三更才睡上一小时，中午再睡一小时。

朝霞初染和晚霞满天时，不单鸟类，林中所有的居民无不引吭高歌，尽情玩耍，各尽所能，放声歌唱。有拉琴击鼓的，有吹笛弄箫的，此外，汪汪声、咳咳声、嗷嗷声、嗡嗡声、咕咕声、呱呱声，还有尖叫声和哀叹声，此起彼伏，不绝于耳。

歌声悠扬的是苍头燕雀、夜莺和鸫鸟，“唧唧啾啾”

叫的是甲虫和螽斯，“咚咚”击鼓的是啄木鸟，吹笛子的是黄莺和白眉鸫鸟。

狐狸和柳雷鸟“哇哇”叫，狍子叫起来有如咳嗽，狼在嚎；雕鸮的叫声像哀叹；熊蜂和蜜蜂忙忙碌碌，“嗡嗡”个不停；青蛙的叫声“咕咕呱呱”。

放不开歌喉的也不会难为情，它们发挥所长，各显神通。

啄木鸟挑选发声响亮的干树枝做鼓，它的坚硬而灵巧的喙便是鼓槌。

天牛坚硬的脖子“嘎吱嘎吱”作响，听来活脱脱是提琴声！

螽斯的爪子带钩，翅膀上有倒钩，爪子弹拨翅膀，照样能发出乐声。

棕红色的大麻鳽[1]把嘴往水里一伸，开始吹泡泡，水扑通扑通响了起来，犹如公牛在叫，响彻整个

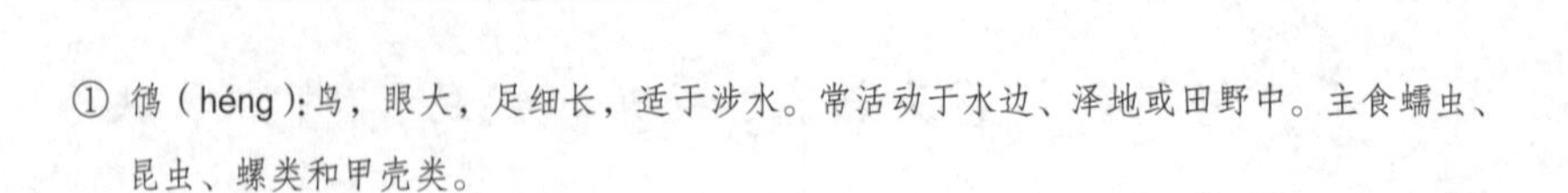
① 鳽（héng）：鸟，眼大，足细长，适于涉水。常活动于水边、泽地或田野中。主食蠕虫、昆虫、螺类和甲壳类。

湖面。

还有田鹬，它连尾巴都能歌唱。你看它伸展开尾巴，昂首飞上高空，然后一头俯冲下来，风儿拨弄得它尾巴嗡嗡作响，听起来像极了小羊的咩咩叫。

好不精彩的林中乐队！

过客

大树和灌木丛下，离地不远的高处，顶冰花那黄色的小花，星星点点，熠熠生辉。

早在树木枝头还是光秃秃的、灿烂的阳光畅行无阻直达地面的时候，它们就露面了。顶冰花便是迎着这样的阳光开放的，与它们做伴的还有盛开的紫堇花。

看到这些最先开放的花儿是何等的赏心悦目呀！紫堇花上上下下美不可言：形状别致的紫色花朵里连着长托[1]，在茎的末端汇成一束；青灰色的小叶子边缘像锯齿一样整齐。

现在顶冰花和它的伙伴紫堇花的花期已过，树荫

---

① 托：专用术语，指花萼下部细长的空管。

重重，要是这时候还不准备回家，生命就要受到威胁了。它们的家在地下。它们在地面上无非充当过客的角色：播撒完种子之后，就消失得无影无踪。它们那蒜头似的鳞茎和圆形块茎将待在地下深处，安然度过整整夏、秋、冬三季。

你要是想把它们移栽到自家园地里，赶紧趁它们迟开的花还未凋谢，把它们挖出来吧。挖的时候千万小心，这些小植物淡白色的地下茎居然有那么长，真令人叹为观止！

在土地冻得厉害的地方，这些过客们的鳞茎和块茎钻得很深很深；在有保护层、暖和的地方，鳞茎和块茎则离地面近些。

H. 帕甫洛娃

游戏和舞蹈

鹤在沼泽地里开起舞会来了。

鹤聚成一个圆圈后，便有一只或一对来到场地中央，翩翩起舞。

开始时倒不怎么样，不过是用长腿在蹦高。接着可就来劲了：它们迈开大步，连蹿带跳，花样百出，笑死人了！转圈圈，蹦蹦跳，打矮步，简直在跳特列帕克舞[①]！那些站成一圈的鹤跟着有节奏地扇动着翅膀。

猛禽的舞会则是在空中举办的。

尤其别致的是鹰隼，它们的舞会别有一番情趣。它们飞上高高的云端，各显神通：时而冷不防收起双翅，从令人头晕目眩的高空像石块一样跌落下来，快贴近地面时，才展开翅膀，飞出一个大圆圈，重回云天；时而在离地面很高很高的地方停住，展开翅膀，身子凝然不动，仿佛被一根线拴在了云端；时而一个接一个地翻起了跟斗，简直成了在空中表演的小丑。它们不断翻转着冲向地面，翅膀发出猎猎声。

长脚秧鸡徒步来到这里

有一种奇异的飞鸟——长脚秧鸡从非洲来到这里。

长脚秧鸡不善飞行。

---

① 特列帕克舞：俄罗斯民间的一种顿足跳的舞蹈。

它们飞行时容易被鹰和隼所捕获。

不过长脚秧鸡奔跑起来速度很快，而且对于如何在草丛里巧妙藏身很在行。

所以它们宁愿凭着两条腿跨越整个欧洲，悄悄地走过草地和树丛。只有到了海边，无路可走，才动用翅膀，并且只在夜里飞行。

现在长脚秧鸡整天待在高高的草丛上叫唤着：“叽——叽！叽——叽！”

它们的声音倒是容易听到，可要是你想把它们从草丛中赶出来，看看它们长什么模样，你倒是可以试试，看你有没有这样的能耐！

松鼠爱吃肉

整个冬天，松鼠只吃植物。它吃坚果的仁，吃秋天储藏起来的蘑菇。现在到了它可以享用肉食美餐的时候了。

许多鸟儿已筑好了窝，产下了蛋，有的甚至孵出了小鸟。

这可正中松鼠的下怀，因为它可以在树枝间和树洞里找到鸟窝，叼走里面的小鸟和鸟蛋美餐一顿。

这种可爱的啮齿动物干起毁损鸟窝的坏事来，丝毫不比任何猛禽逊色。

找浆果去

草莓成熟了。阳光下，哪里都可以见到完全成熟的鲜红的草莓。多香、多甜的浆果！吃一口就能让人回味无穷。

黑果越橘也成熟了。沼泽地里的云莓正在成熟。黑果越橘矮丛上的浆果很多很多，而每棵草莓的浆果至多只有5颗。结果最少的数云莓，它的茎顶只结1颗果实，而且并非每株都会结果，因为它开的尽是些不结果的花。

H. 帕甫洛娃

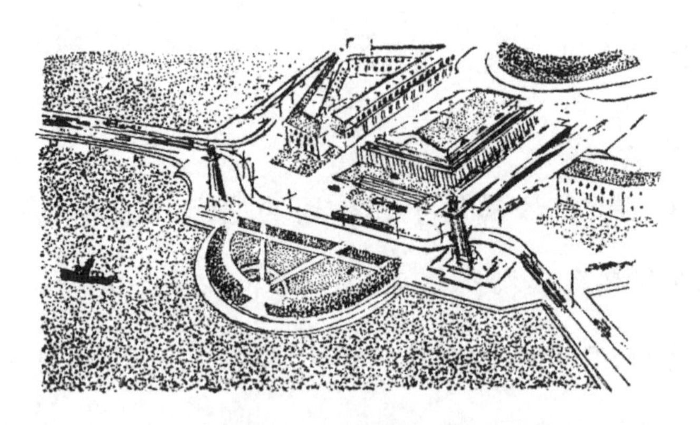

都市新闻

海上来客

最近几天，大量的胡瓜鱼密密麻麻地从芬兰湾游到涅瓦河来，它们是来涅瓦河产卵的。这下可把渔民们累坏了：网里进了这么多鱼够他们忙的。

胡瓜鱼产完卵又回到大海里去了。

海洋深处的客人

海洋里有许许多多的鱼儿都要到江河里来产卵，孵出来的小鱼儿又从江河返回大海。

只有一种鱼出生在深海，再从深海游到江河里待上一辈子。这种鱼出生于大西洋的马尾藻海[1]。

这种稀奇古怪的鱼叫“柳叶鱼”。

诸位没听说过吧？

这也难怪，因为只有在这种鱼还很小、生活在大海里的时候，人们才这么称呼它。

那时候它通体透明，连肠子也一目了然。两侧扁扁的，薄得像一张纸。一旦长大了，它便像一条蛇了。

说到这里，你想起它的真名来了吧？它就是鳗鱼。

“柳叶鱼”在马尾藻海生活三年后，到了第四年，它们摇身一变，成了玻璃一样透明的小鳗鱼。

这个时节，玻璃般透明的鳗鱼成群结队、浩浩荡荡地来到了涅瓦河。

从大西洋深处那神秘的故乡来到这儿，它们游过的距离有25000千米之遥。

---

① 马尾藻海：北大西洋北纬20°～35°、西经40°～75°间的广大水域，漂浮的植物以马尾藻为主。这个区域的洋流微弱，低等海洋生物较多。

试 飞

在大街、公园或街心花园行走的时候，不妨抬头看看，免得被从树上掉下来的乌鸦和椋鸟的雏鸟，或从房顶上跌落的麻雀和寒鸦的幼鸟砸到脑袋。这些雏鸟们这时节正从窝里出来，学习飞行呢。

斑胸田鸡在城里昂首阔步

最近，郊区的居民夜间常听到断断续续的低声尖叫："福奇——福奇！"叫声开始是从一条沟里传出来的，后来又在另一条沟里响起。

这是斑胸田鸡正在穿过城市。斑胸田鸡是长脚秧鸡的近亲，也是徒步跨越欧洲来到我们这儿的。

采蘑菇去

一场温暖的雨过后，你可以到城外去采蘑菇了。红菇、牛肝菌和白菇纷纷从土里钻出来了。

这是夏季长出来的第一批蘑菇——抽穗菇。之所以取名为抽穗菇，那是因为它们出现的时候，越冬的黑麦正好抽穗。一到夏末，这些蘑菇就不见了。

一旦发现花园里的丁香花开始凋谢，你就知道春季已结束，夏季来了。

有生命的云

6 月 11 日，列宁格勒涅瓦河畔的滨河大街上人来人往。晴空万里，闷热异常，房子里和柏油马路上热得叫人喘不过气来，孩子们变得烦躁不安。

突然，宽阔的河对面出现了一大块灰色的云团。

行人都停下了脚步，抬头看了起来：云团在低空移动，简直是贴在水面上了，大家眼看着它越变越大。

说话间，行人被一阵阵窸窸窣窣声包围，这才明白过来，这不是云，而是一大群蜻蜓。

刹那间，周围的一切像变戏法似的，全变了样。

不计其数的翅膀扇动起来，刮起了一阵轻风。

孩子们不再淘气，他们兴高采烈地看着阳光透过斑斓多彩的蜻蜓翅膀，在空中闪烁出彩虹般的光。

行人的脸全都变得绚丽多彩，张张面孔上闪烁着一道道微小的彩虹，日影和亮光星星点点，闪闪烁烁，斑斑驳驳。

有生命的云团伴着窸窸窣窣声，掠过滨河街上方，升向高处，消失在楼群之后。

这些都是刚出生的小蜻蜓。它们成群结队，齐心协力，立即飞去寻找新的住处。可是它们是在哪里出生的，将降落到什么地方，我们不得而知。

成群结队的蜻蜓常常在不同的地方出现。如果你见到了，可以注意一下，它们是从哪儿飞来的，打算飞到哪儿去。

·森·林·报·

夏

森 林 报

第四期

筑巢月

（夏一月）

6 月 21 日到 7 月 20 日　　太阳进入巨蟹宫

目 录

一年——分12个月谱写的太阳诗章

6月，蔷薇色的6月。候鸟回家，夏天开始。一年中这个季节的白昼最长，在遥远的北方，太阳始终不下山，黑夜完全没有了。潮湿的草地上，花儿更富阳光的色彩：金莲花、驴蹄草、毛茛的花儿金灿灿的，染得草地一片金黄。

这个季节，在阳光灿烂的时刻，人们纷纷外出采集有药用价值的花、茎、根，以备生病时，把这些药用植物里贮藏起来的阳光的生命力转移到自己身上。

6月21日是夏至日，一年中白昼最长的一天就这样过去了。从此，白天慢慢地，慢慢地——可又觉得是那么快，像春光一样，慢慢地变短了。俗话说得好："夏天从篱笆缝里探出头来……"

各种鸣禽都有了自己的窝，所有的窝里都有五颜六色的蛋。娇嫩的小生命破壳而出，正探头探脑地打量这个世界哩。

动物住房面面观

已是孵育雏鸟的时候了，森林里的鸟儿都在筑巢造窝。

我们的记者决定去看个究竟，看飞禽走兽、鱼类昆虫都居住在什么地方，生活得怎么样。

精致的家

你看，这时候的森林上上下下、角角落落全是窝，再也找不到空闲的地方了。有住在地上的，有待在地下的，有在水面的，有在水底的，有栖在树上的，有藏在树内的，有居于草丛里的，也有生活在空中的。

家在空中的是黄莺。它用大麻纤维、草茎、羽毛和绒毛编成轻盈的小篮子，挂在高高的桦树枝条上，小篮子内放着自己下的蛋。真是件怪事儿：风吹来，树枝摇摇晃晃，黄莺的蛋怎么不会破呢？

云雀、林鹨、黄鹀和其他许许多多的鸟儿在草丛内安家。我们的记者最喜欢的是柳莺造的小窝棚。小窝棚用干草和苔藓打造而成，上有盖儿，出入的门安在侧面。

在树内，也就是树洞内安家的有飞鼠、甲虫木蠹蛾、小蠹虫、啄木鸟、山雀、椋鸟、猫头鹰等。

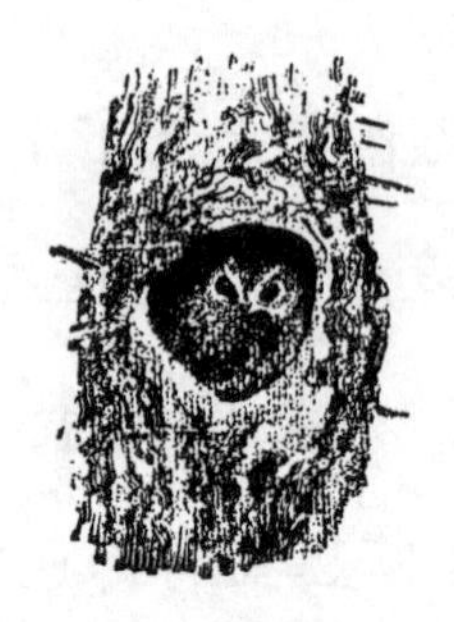

鼹鼠、老鼠、獾、灰沙燕、翠鸟和各种昆虫的家都在地下。

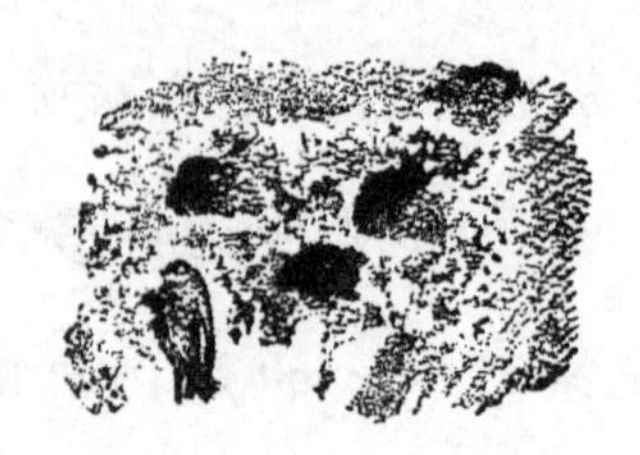

凤头䴙䴘[①]——一种潜鸟类的水鸟——爱在水上做漂流的窝。这种窝由一堆沼泽地的野草、芦苇和水藻构成。凤头䴙䴘趴在窝上，像乘着木筏，随湖水漂流。

在水下安家的有石蛾和水蜘蛛。

哪一种动物的住宅最好

我们的记者决定寻找最好的动物住宅。不过，判断起来并不容易。

其中最大的要数鹰巢。鹰巢由粗树枝筑就，建在高大粗壮的松树上。

最小的是黄头戴菊鸟的窝。整个窝不过拳头大小，而鸟本身的个头还不如一只蜻蜓。

---

① 凤头䴙（pì）䴘（tī）：一种鸟类，外形略像鸭而小，有显著的黑色羽冠。生活在河流湖泊上的植物丛中，善于潜水。

鼹鼠窝造得最有心计：它的窝里有许许多多备用通道和进出口，谁也没法在它的窝里逮住它。

象鼻虫的窝最精巧。象鼻虫先啃下桦树叶的叶脉，等树叶枯萎卷成筒状，再用唾液将叶子粘住。雌象鼻虫就在这筒状的小房子里产下自己的卵。

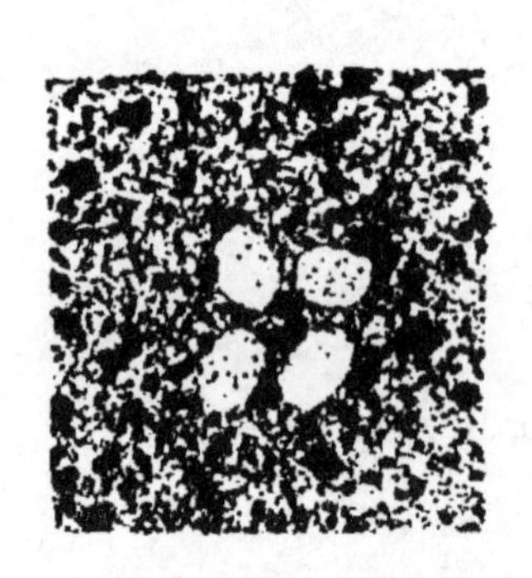

最简单的窝是剑鸻和夜鹰的窝。剑鸻干脆把自己的 4 个蛋产在河岸的沙里，夜鹰把蛋就产在树干下树叶堆成的坑里。这两种鸟是不会在筑巢上多下功夫的。

最美丽的窝是柳莺的窝。柳莺在树枝上编织窝，并用地衣和轻薄的桦树皮来装饰，还不忘把从别墅花园里捡来的五颜六色的花纸片编织进去，美化一番。

长尾山雀的巢最舒适。这种鸟又叫汤勺鸟，因为它很像舀汤的大勺子。汤勺鸟的窝内部用羽毛、绒毛和细

毛发编成，外部则用苔藓和地衣粘牢。这种窝通体圆圆的，像个小南瓜，入口在窝的正中央，也是圆圆的，小小的。

最方便的是水蛾幼虫的窝。水蛾是一种有翅膀的昆虫，它落下来以后收拢翅膀，翅膀盖在背上，把整个身子都遮了起来。可水蛾的幼虫并没有翅膀，赤裸裸地光着身子，无遮无盖。它们生活在小溪、小河的底部。

幼虫找到火柴大小的干树枝或芦苇的茎后，便用小沙粒在上面粘成一个小圆筒，身子倒着爬进去。

这下可方便了。只要它想，它完全可以躲进圆筒，安安稳稳睡大觉，谁也发现不了它；它如果想出来，前面的小腿儿一伸，连同小房子一起满水底爬，反正小房子轻得很。

一只水蛾的幼虫找到了一个丢弃在水里的香烟嘴，钻了进去，带着它在水底旅行。

水蜘蛛的窝令人叹为观止。水蜘蛛把蛛网结在水草之间，用

自己毛茸茸的肚皮带来一些气泡，放在蛛网下。它们就住在这样的气泡小屋里。

还有哪种动物有窝

我们的记者还找到了一些鱼类和鼠类的窝。

刺鱼造的是名副其实的窝。做窝的担子完全落在了雄鱼身上，雄鱼只用分量特别重的草茎做窝。即使用嘴把这种草茎从水里衔上水面，它也不会漂浮起来。雄鱼把草茎固定在水底的沙上，用自己的唾液黏结四壁和天花板，再用苔藓堵塞房内所有的孔隙。刺鱼窝的壁上开着两扇门。

有种小老鼠做的窝跟鸟窝很像。这种窝是用小草和撕成细丝状的草茎编织成的。鼠窝就挂在刺柏的树枝上，离地约 2 米高。

寄居别家

有些动物自己不会做窝，或懒得做窝，它就会寄居在别人家。

杜鹃把卵产在鹡鸰、红胸鸲、莺和其他善于持家的小鸟的窝里。

林间白腰草鹬会找到旧的乌鸦巢，在里面产下自己的卵。

一种叫鮈鱼的小鱼爱找岸边水下被螃蟹废弃的蟹洞，然后在里面产卵。

麻雀做窝的手段非常狡猾。它先是把窝做在房檐下，可窝还是被小孩子扒了。那就做在树洞里吧，蛋又被伶鼬偷走了。它只好把自己的窝跟雕的巢做在一起。雕的巢是用粗树枝搭成的，麻雀在这些树枝间不怕找不到做窝的地方。

现在麻雀总算是自由自在、无忧无虑了。像雕这样的庞然大物怎么会把小小的麻雀放在眼里？从此，不管是伶鼬、猫，还是鹞鹰，甚至连孩子们都不会动它的窝了。可不是嘛，谁都怕大雕三分。

公共宿舍

森林里也有公共宿舍。

蜜蜂、黄蜂、熊蜂和蚂蚁筑的巢就容纳了成百上千的房客。

一座座花园和小林子被白嘴鸦占据，成了它们的殖民地；鸥鸟的领地是沼泽、有沙滩的岛屿和浅滩；灰沙燕则在陡峭的河岸上凿出一个个密密麻麻的小洞，用来栖身。

林间纪事

狐狸是怎样把獾撵出家门的

狐狸遭灾了:它的洞穴塌了顶,险些压死了小崽子。

狐狸一见大祸临头,非搬家不可了。

它便去找獾[1]。獾的洞穴远近闻名,是自己动手挖出来的。洞穴有多个进出口,还有备用的侧洞,以应付意外袭击事件。

① 獾:这里指狗獾。体长50~65厘米,尾长14~20厘米。头长,耳短,前肢爪长,适于掘土。毛灰色,有时发黄。头部有3条宽白纵纹,耳缘也是白色的,胸、腹和四肢黑褐色。通常筑洞于土丘或大树下。杂食性,有冬眠现象。

獾的洞很宽敞，供两个家庭合住也绰绰有余。

狐狸请求獾让它住进去，可獾不干。它可是个办事讲究的房主，喜欢事事有条有理，家里干干净净，一尘不染，怎么会让拖儿带女的外人住进来呢？

于是，獾把狐狸赶了出去。

“好哇！”狐狸寻思道，“你竟这样对我，等着瞧吧！”

狐狸假装要回林子里去，其实就躲在小灌木丛后，坐等机会。

獾探头往外一看，狐狸走了，便离开窝去林子里找蜗牛吃了。

狐狸赶忙溜进了獾的窝，满地拉屎，搞得满屋臭气冲天，然后跑掉了。

獾回家一看，老天爷，这是怎么了！它懊恼地哼了一声，丢下窝，再找地方挖新居去了。

这正中了狐狸的下怀。

于是狐狸拖儿带女搬进了獾那舒舒服服的家。

獾和狐狸

有趣的植物

池塘上漂满了浮萍。有人说那是水藻，可水藻归水藻，浮萍归浮萍。

浮萍是种有趣的植物，它的模样跟其他植物不一样。它的根细细的，浮在水面上的绿色小瓣带有椭圆形的突出物,这些突出物就是小茎和枝条。浮萍没有叶，有时会开花,但开着花的浮萍很少见。浮萍用不着开花，它繁殖起来又快又简便。圆饼似的小茎上分出一个圆饼似的小枝，一株浮萍就变成了两株。

浮萍的日子过得很滋润，自由自在，无拘无束，四海为家。鸭子游过，浮萍贴了上去，粘在鸭掌上，跟着鸭子去另一个水塘闯荡了。

H.帕甫洛娃

救人一命的刺猬

玛莎早早醒来，穿上连衣裙，和往常一样，光着脚丫子往林子里跑。

林子的小山冈上有很多草莓。玛莎麻利地采了满满一篮后，转身回家了。她跳过了一个又一个被露水浸得冰冷的土堆，冷不防滑了一跤，痛得大声喊叫起来。从土堆上跌下来时，她的一只光脚丫被尖尖的东西戳出了血。

原来土堆下待着只刺猬，刺了人后它立即蜷成一团，呼呼地叫唤起来。

玛莎疼得哭起了鼻子，坐到旁边的一个土堆上，用手帕擦脚上的血。刺猬也不吱声了。

突然，一条灰色的大蛇径直向玛莎爬过来，它的背部有黑色“之”字形的斑纹——这可是条有毒的蝰蛇！玛莎吓得手足无措。蝰蛇咝咝地吐着开叉的蛇芯子，步步逼近。

想不到这时候刺猬立起身，迈着小步快速地迎了上去。毒蛇挺起上半身，向刺猬扑去，像鞭子一样抽打刺猬，但刺猬机灵地用身上的刺抵挡着。蝰蛇发出可怕的咝咝声，企图转身逃走。刺猬紧追不舍，用牙齿咬住蛇头后方，两只爪子扑打着蛇背。

玛莎回过神来，站起身，赶忙逃回家去了。

蜥 蜴

我在树林的一个树桩边上捉到一条蜥蜴，把它带回了家。我在一只大玻璃罐子里放了些沙子和小石子，让蜥蜴待在里面。每天我都给它换罐子里的土、草和水，还喂它一些苍蝇、小甲虫、毛毛虫、蚯蚓和蜗牛。蜥蜴便张开大口,狼吞虎咽起来。它尤其爱吃白色的菜蝶，一见菜蝶，它就把头转过来，张开嘴，伸出自己开叉的小舌头，然后跳起来，像狗扑向骨头一样，扑向自己的美餐。

一天早晨，我在石子间的沙土里发现了十几粒椭圆形的白色小蛋，蛋外面包着一层薄薄的软壳。蜥蜴为这些蛋挑选了一个阳光晒得到的地方。一个多月之后，蛋壳破了，里面爬出一些机灵的小不点儿，模样很像它们的母亲。

如今这一家子正趴在石子上面，懒洋洋地晒着太阳呢。

驻林地记者　舍斯基雅科夫

天南地北

无线电通报
注意！请注意！

列宁格勒广播电台，这里是《森林报》编辑部。

今天是6月22日，夏至，是一年中白昼最长的一天，我们将举行一次全国各地的无线电通报。

我们呼叫冻土带、沙漠、原始森林、草原地区、高山和海洋地区。

请告诉我们，现在——正当盛夏时节，在一年中白昼最长、黑夜最短的日子里，你们那里的情况。

请收听！请收听！
北冰洋岛屿广播电台

你们问是什么样的黑夜？我们几乎忘记了什么是黑夜，什么叫黑暗。

现在我们这里白天最长：整整24小时全是白昼。太阳时而升起，时而降落，可始终不会在海平面上消失，这样要持续3个月的时间。

阳光始终没有暗下去，地上青草生长的速度不是按日，而是按小时计算的，就像童话里讲的那样，它们从地下钻出来，长出绿叶，开出花朵。池沼里长满了苔藓，连原本光秃秃的岩石上也布满了五颜六色的植物。苔原焕发出勃勃生机。

是的，我们这里没有美丽的蝴蝶和蜻蜓，没有机灵的蜥蜴，没有青蛙和蛇，也没有那些在冬天钻进地下、在洞穴里睡过一冬的大小兽类。泥土被永久的苔原封住了，即使在仲夏时节也只有表面的土层解冻。

乌云一般密集的蚊子在苔原上空嗡嗡叫，但我们这里没有对付这些吸血鬼的歼击机——身手敏捷的蝙蝠。蝙蝠即使飞到这里来度夏，又如何活得下去？它们只能在傍晚和黑夜出来捕食蚊子，可我们这里整个夏季既没有黄昏，也没有黑夜。

我们这儿的岛屿上的野兽不多，有的只是身体和老鼠一般大小的短尾巴啮齿动物兔尾鼠，以及雪兔、北极狐和驯鹿。偶尔能见到身高体壮的北极熊从海里游到我们这里来，在冻土上转悠一阵，寻找猎物。

不过说到鸟儿，我们这儿的鸟儿可真是多得数也数不清！虽说这里背阴的地方全是积雪，可早有大批鸟儿飞来了，其中就有角百灵、鹨、鹡鸰、雪鹀——所有会唱歌的鸟儿都结伴来了。更多的是海鸥、潜鸟、鹬、野鸭、大雁、暴风鹱、海鸠、嘴形可笑的花魁鸟和其他稀奇古怪的鸟，这些鸟你们也许连听也没有听说过。

到处是鸟鸣声、喧闹声和歌唱声。你们看，现在我们的苔原多热闹！

你们也许会问："要是你们那里没有夜晚，那鸟兽什么时候休息和睡觉呢？"

它们几乎就不睡觉——没时间呀。打会儿盹儿，立马就忙活起来：有的给孩子喂食，有的筑巢，有的孵蛋。要干的活儿太多了，而我们这里的夏天特别短暂，没有一只鸟不是忙忙碌碌的。

睡觉的事放到冬天再说吧——到时候把全年的觉都补回来。

中亚沙漠广播电台

恰恰相反，我们这儿万物都在酣睡呢。

毒辣辣的阳光把绿色植物全烤干了，我们已记不清最后一场雨是什么时候下的。奇怪的是，并非所有的植物都会被旱死。

骆驼草本身只有半米来高，可它使出高招，把自己的根扎到离灼热的地面有五六米深的地方，吸取那里的水分。还有一些灌木和草类不长叶子，而是生出绿色的细丝，这样就可减少水分的蒸发。梭梭树是一种生长在我们沙漠里的矮树，一片叶子也不长，只生细细的枝条。

风一刮，当空就笼罩着黑压压的乌云似的滚滚沙尘，遮天蔽日。突然间，沙漠里响起了令人心惊肉跳的喧闹声和鸣叫声，仿佛有成千上万条蛇一齐发出咝咝声。

但这不是蛇在叫，而是狂风袭来时梭梭树的细枝相互抽打而发出的声音。

这时候蛇都睡着了。红沙蛇也深深地钻到沙下，睡得正香。它可是黄鼠和跳鼠的天敌。

黄鼠和跳鼠也在睡。黄鼠害怕阳光，用泥土堵住了洞口，只在大清早出来找吃的。它得跑多少路才能找得到没有被晒干的小植物啊！跳鼠干脆钻到地下去，睡上一个长长的大觉：睡上整整夏、秋、冬三季，到了开春它才会醒过来。一年中，它只有3个月在活动，其余的时间全在睡大觉。

蜘蛛、蝎子、多足纲的昆虫、蚂蚁都害怕炎炎烈日，有的躲在岩石下，有的藏进背阴的泥土里，只在黑夜里出来。无论是身手敏捷的蜥蜴，还是行动迟缓的乌龟，都不见了踪影。

兽类都迁徙到沙漠的边缘地带、靠近水源的地方去了。鸟类早已把子女抚养长大，带着它们远走高飞了。迟迟不走的只有飞得快的沙鸡，它飞数百千米到最近的小河边，自己饮饱喝足了，再把嗉囊灌满水后，快速飞回窝里给雏儿喂水。这一趟奔波对它来说算不了什么，但是等小鸟学会了飞行，沙鸡也要飞离这可怕的地方。

乌苏里原始森林广播电台

我们这儿的森林令人称奇：它既不像西伯利亚的原始森林，也有别于热带丛林。森林中生长的是松树和云杉，此外，还有缠绕着有刺的藤蔓和野葡萄藤的阔叶树。

我们这里的野兽有驯鹿、印度羚羊、普通的棕熊和黑熊，有兔子、猞猁和豹子，还有老虎、红狼和灰狼。

鸟类有文静温和的榛鸡和美丽多彩的雉鸡，灰雁和白色的中国雁，嘎嘎叫的普通野鸭和五颜六色、美丽绝伦、栖息在树上的鸳鸯，此外，还有白头长喙的白鹮。

原始森林里白天闷热、昏暗，阳光穿不透由茂密的树冠构成的稠密的绿色幕帐。

我们这里的夜晚黑漆漆的，白天也是黑漆漆的。

这里所有的鸟类现在都在孵蛋或哺育幼鸟，所有野兽的幼崽都已经长大，正在学习觅食。

库班草原广播电台

机器和马拉收割机摆开宽广的队形在我们辽阔而平坦的田野上行进着——大丰收在望。一列列火车运载着白亚尔产的小麦，从我们这里运到莫斯科和列宁格勒去。

雕、鹰和隼在收割一空的田野上空翱翔。

现在正是它们好好收拾窃取丰收果实的盗贼——田鼠、黄鼠和仓鼠的大好时机。因为现在，即使隔得很远，这些窃贼只要从洞穴里一钻出来，就会被它们看得一清二楚,逮个正着。早在庄稼还没有收割的时候，这些可恶的小动物就吃掉了多少麦穗啊，想来都叫人心疼。

现在它们收拾掉在地上的谷粒，运回去充实自己地下的仓储，供越冬之用。比起猛禽来，兽类也不甘落后。狐狸正在收割过的庄稼地里捕捉鼠类。对我们帮助最大的要数草原白鼬，它们正在毫不留情地消灭所有的啮齿类动物。

阿尔泰山广播电台

深谷里闷热而潮湿。在夏季炎热的阳光照射下，早晨的露水很快就蒸发光了。傍晚，草地上浓雾弥漫，水蒸气升腾，给山崖带去湿气，冷却后凝成了山巅上的白云。抬头望去，黎明前的高山上空云雾缭绕。

高空上的水蒸气上升到一定高度后遇冷变成了水滴，接着乌云里落下了倾盆大雨。

山顶的积雪慢慢地融化了。只有四季常白的雪山最高峰才有着终年不化的冰雪，那里就是一整片冰雪的原野——冰川。在极高的山巅，气候异常寒冷，即使是正午的阳光也不能使冰雪融化。

但是冰川下，雨水和消融的雪水奔腾而下，汇成了湍急的溪流，沿山坡滚滚而下，形成飞溅的瀑布，从山崖上落下，流入大江。这是一年中江河由于大量积雪融水而第二次猛涨，水溢出河岸，在谷地泛滥——洪水第一次泛滥是在春天。

我们的山区可以说是应有尽有：山下的坡地里是原始森林，往高处是肥沃的草地——高山草原。再往高处只有苔藓和地衣了，很像遥远的北方寒冷的冻土带。最高处是北极那样终年的寒冬，那是冰雪的世界。

在这样的高山之巅，既没有野兽出没，也见不到鸟类的踪迹。飞临这里的只有身强力壮的雕和秃鹫，它们在云端居高临下，凭借敏锐的双眼发现猎物。低处的地方仿佛是在多层的高楼之中，现在已有形形色色的栖息者占据不同的层面和高度，在那里安营扎寨。

海洋广播电台

在这片荒无人烟的地方，我们见到了许多奇迹。起初漂流而来的是墨西哥湾暖流，接着是移动的冰山，冰山在阳光的照射下显得特别耀眼，让人睁不开眼睛。我们在这里捕捞海星和鲨鱼。

此后，这股暖流折向北方，向北极流去，于是我们看见一片片巨大的冰原在水面上静静地移动，裂开又合拢。我们的飞机在空中侦察，随时给船只通报哪里的冰块之间可以通行。

在北冰洋的岛屿上，我们见到了成千上万只正在换毛的大雁，它们正处于绝望的境地。它们翅膀上的羽毛开始脱落，所以不能飞行，人们步行就能把它们赶进网子里。我们见到了长着獠牙的体形庞大的海象，它们正趴在浮冰上休息；我们也见到了各种奇异的海豹，冠海豹的头上会突然鼓起一个皮袋子，仿佛戴上了一顶头盔；我们还见到了满口利牙的可怕虎鲸，虎鲸猎食其他鲸鱼和它们的幼崽。

不过，鲸鱼的故事留待以后再说——当我们进入太平洋的时候，那里的鲸鱼会更多。再见！

我们夏季的“天南地北”无线电通报到此结束。

下次广播的时间是 9 月 22 日。

森　林　报

第五期

育雏月

（夏二月）

7月21日到8月20日　　太阳进入狮子宫

目　录

一年——分12个月谱写的太阳诗章

7月——正是盛夏时节，它不知疲倦地装扮着大地上的一切。它吩咐子孙满堂的黑麦低头对土地鞠躬致敬。燕麦已长袍加身，而荞麦却连衬衫也没穿。

绿色植物用阳光塑造自己的身躯。成熟的黑麦和小麦像金灿灿的海洋，我们把它们储藏起来以备这一年食用。我们已为牲畜储备好草料，你看，无边的青草已被割倒，堆起了小山似的草垛。

鸟儿变得沉默寡言：它们已经顾不上歌唱了，各个鸟窝里已有雏鸟出没。它们出生时赤条条的，眼睛还没有睁开，需要父母长时间的照顾。但是大地、水域、森林甚至空中，到处有小鸟的食物——喂饱它们绰绰有余。

森林里，处处都是小巧玲珑而多汁的果子：草莓、黑莓、越橘和茶藨子。在北方生长着金黄色的云莓，南方的花园里有樱桃和草莓。草场脱下金色的裙子，换上开满洋甘菊的花衣裳——白色的花瓣反射着灼热的阳光。现在这个季节可不能小觑生命的创造者——太阳——的威力，她的爱抚反而会灼伤受抚者。

森林里的小宝宝

谁有几个小宝宝

罗蒙诺索夫市城外的大森林里有一头年轻的母驼鹿，它今年生下了一头小驼鹿。

同一座森林里，还有一个白尾雕的窝，窝里有2只幼雕。

黄雀、苍头燕雀和黄鹀各有5只幼雏。

蚁鴷[①]有8只雏鸟。

长尾山雀有12只雏鸟。

灰山鹑有20只雏鸟。

刺鱼窝里每个卵孵出一条小刺鱼，共孵出100条小鱼。

欧鳊鱼有几十万个宝宝。

大西洋鳕鱼的宝宝更是数不胜数，大概有100万条之多。

---

① 蚁鴷：俗称“地啄木”“歪脖”，啄木鸟科，体长约17厘米。常啄木搜索蚁类和蛹，也在地面觅食。

孤苦伶仃的小宝宝

欧鳊鱼和大西洋鳕鱼对自己的儿女压根儿不关心。它们产下卵就一走了之，听凭小娃娃们自生自灭，这也是众所周知的事。可不是嘛，一下子生了数十万个孩子，能照顾得过来吗？你说该怎么办？

一只青蛙只有一千个孩子——即使这样，它也不想担负起照料儿女的重任来。

孤苦伶仃的小宝宝们日子确实不好过。水底下有许许多多贪嘴的怪物，它们就爱吃可口的鱼卵和青蛙卵、幼鱼和幼蛙。有多少幼鱼和幼蛙在没有长成大鱼、大蛙前就夭折了啊！它们面临的危险，真是让人想想都害怕！

可怜父母心

母驼鹿和所有的雌鸟都称得上是操心的好妈妈。

母驼鹿为了自己的独生子女甚至愿意献出自己的生命。即使是熊来攻击它，它也不怕，它会前后蹄并用，四条腿又踢又蹬，这样一来，米什卡[①]下次再也不敢靠近小驼鹿了。

我们的记者有一次在田野里偶遇了一只小公山鹑：它从他们的脚边蹿了出来，一溜烟地跑进草丛里躲了起来。

我们的记者捉住了它，它没命地“叽叽”叫起来！小山鹑的妈妈不知从哪里突然冒了出来，一见儿子被人抓住，急得“叽叽”“咯咯”叫个不停，身子伏在地上，耷拉下了翅膀。

我们的记者还以为它受伤了，忙丢下小山鹑，跑过去捉它。

母山鹑在地上一瘸一拐地走着，眼看着用手就能逮住它了，可是只要一伸手，它就闪到一边去了。他们就一直追呀，追呀，冷不防母山鹑翅膀一扑腾，从地上飞了起来，大模大样地从人眼前飞走了。

我们的记者转身来找小山鹑，可连个影子也没见着。原来是当妈妈的为了救儿子，才装出受伤的样子，

① 米什卡：俄语口语中对熊的谑称。

把人从儿子身边引开。它对自己的孩子个个都爱护备至，因为它一共才有20个子女。

鸟的劳动日

天刚蒙蒙亮，鸟儿就展翅忙碌起来了。

椋鸟每天要干17个小时的活，城市里的燕子要干18个小时，雨燕每天干活的时长是19个小时，而红尾鸲甚至超过了20个小时。

我去查了查，这都是事实。

是呀，它们想偷懒可不行。

你知道吗？雨燕为了喂饱自己的儿女，每天来来去去回窠送食物不能少于35次，椋鸟大约要送200次，城市里的燕子要送300次，而红尾鸲则要送450次！

一个夏季里，鸟类消灭掉的森林害虫及其幼虫到底有多少，谁也算不清！

鸟类可是时刻不停地在劳作呀！

驻林地记者　H. 斯拉德科夫

田鹬和鵟[①]孵出什么样的幼雏

图中画的是刚破壳而出的幼鵟。它的喙上有个白色的小疙瘩，叫作“卵齿”。它要破壳而出的时候，就用“卵齿”啄破蛋壳。

待到幼鵟长大后，它就会成为极残忍的猛禽——啮齿类动物的克星。

可是现在它还是个小娃娃，毛茸茸的，半闭着眼睛，挺逗人喜爱的。

它显得那么软弱无助、娇嫩无力，寸步也离不开父母。要是父母不来给它喂食，它准得饿死。

不过鸟类中也有从小好斗的，这些小鸟刚从蛋里孵出来就会蹦蹦跳跳，转眼就会去找东西吃。它们不

---

① 鵟（kuáng）：鹰科。通体羽毛褐色，尾部稍淡，两翼下各具一白色横斑，飞时显露似鸢，但尾圆而不分叉。常翱翔高空，或栖止田野高树和电线杆。主食鼠类。

怕水，来了敌人自己也会躲起来。

下图是两只小田鹬。它们孵出来刚一天就能离开窝，自己出来找蚯蚓吃了。

所以，田鹬的蛋才那么大，小鸟在蛋里能快快长大。前面说到的山鹑的孩子也是好斗的主儿，一出世就能健步如飞了。

还有一种野鸭——秋沙鸭——也是如此。

小秋沙鸭刚出生就摇摇晃晃地往河里跑，扑通一声下了水，悠哉悠哉地游起泳来了。它会扎猛子，还会稍稍挺起身子在水面上伸懒腰，完全像只成年鸭子了。

相比之下，旋木雀的女儿可娇气了。它在窝里一待就是整整2个星期，她要是飞出窝，准会赖在木桩上不肯动弹。

瞧它那模样儿，一脸的不高兴，它在怪妈妈怎么还不回来喂食，它饿着呢。

它都3个星期大了，还爱叽叽喳喳叫唤个不停，张着嘴盼着妈妈把毛毛虫和其他好吃的东西塞进来呢。

科特林岛上的聚居地

在科特林岛的沙滩上，有一群小海鸥在那里避暑。

一到夜里，它们就在小沙坑里睡觉，一个坑睡三只。整个沙滩坑坑洼洼，成了海鸥的聚居地。

白天它们学习飞行、游泳，在年长的海鸥的带领下捕捉小鱼小虾。

年长的海鸥一边当老师，一边机警地保护自己的

小海鸥

孩子。敌人逼近时，它们就成群结队地飞上天，发出一阵阵响亮的叫声和呐喊声，向敌人扑过去。这架势，谁见了都害怕。

林间纪事

小熊崽洗澡

一天，我们熟悉的一位猎人在林间的一条小河岸上走着。走着走着，突然听到枯枝断裂的声音。他惊慌之余爬上了树。

密林里走出来一头棕色的大母熊。和大母熊一起的是两只快活的幼崽和一只还未离开母亲的小熊——熊妈妈一岁的儿子，充当了两只熊崽的保姆。

母熊坐了下来。

小熊用牙齿叼住其中一只熊崽的后颈，把它浸到河里去。

小熊崽尖声叫起来，不停地蹬着，但小熊就是不松口，这才给熊崽痛痛快快地洗了个澡。

另一只熊崽害怕洗冷水澡，吓得扭头往林子里钻。

小熊追上了它，给了它一巴掌，然后像对第一只熊崽那样，把它往水里摁。

洗呀，刷呀，小熊一阵忙活，一不小心，松了嘴，熊崽落进水里。熊崽吓得大喊大叫起来了！母熊见状赶忙跑了过来，把熊崽拖上了岸，又狠狠赏了大儿子一记耳光，打得可怜的孩子嗷嗷叫。

两只熊崽回到岸上，觉得这个澡洗得称心如意，因为这天十分闷热，穿着一身毛茸茸的皮大衣挺难受的。洗了澡，凉快多了。

几只熊洗了澡后，又消失在了林子里，猎人便爬下树，回家去了。

浆果

各种各样的浆果成熟了。大家忙着采集园子里的马林果、红的和黑的茶藨子，还有醋栗。

林子里也能找到马林果，它是一种灌木。从这样的灌木丛中穿过去，免不了折断它脆弱的茎条，脚底下跟着响起噼里啪啦的声音，但不会给马林果造成损伤。现在挂着果子的这些枝条只能活到冬季之前，很快就会有新枝接替枯枝。

瞧，那么多的嫩枝从地下长了出来。枝条毛茸茸的，缀满了花蕾，到了来年夏季，就该轮到它们开花结果了。

在灌木丛和草丘上，在树桩边的采伐地残址上，越橘快要成熟了，浆果的一侧已经变红了。这些浆果一簇簇的，就长在越橘枝条的顶端。有的树丛上大簇大簇的果子密密麻麻、沉甸甸的，压弯了树枝，都碰到地面的苔藓上了。

我真想挖来一棵这样的树，移栽到自己的家里，用心培育，这样结出的果子是不是更大一些呢？但是目前还没有“失去自由”的越橘栽种成功的例子。越橘可是种有意思的浆果植物。它的果子保存一个冬天后仍可食用——只要给果子浇上凉水，或捣碎做成果汁就好了。

为什么这种浆果不会腐烂呢？因为它自身已经做过防腐处理了。越橘中含有苯甲酸，而苯甲酸有防腐作用。

H. 帕甫洛娃

猫奶妈和它的养子

我们家的猫春天产下了几只小猫，但都被人抱走了。恰好这天我们在林子里捉到了一只小兔崽儿。我们把小兔崽儿带回家,放到猫的身边。这只猫奶水很足，所以它很乐意给小兔崽儿喂奶。

就这样，小兔崽儿喝猫奶长大了。

它们俩非常友爱，连睡觉都在一起。

最可笑的是，猫教会了它收养的兔子如何跟狗打架。只要狗一跑进我们家的院子，猫就扑过去，怒气冲冲地用爪子抓它，兔子也跟在后面跑过去，用前爪擂鼓似的敲它，打得狗毛一绺绺满天飞。就这样，周围的狗都怕我们家的猫和它喂养大的兔子。

一场骗局

一只大鸶看中了一只母黑琴鸡和整整一窝毛茸茸的浅黄色的小黑琴鸡。

大鸶心想：一顿午餐就要到手了。

它看准了目标，正要自上而下猛扑过去，不料被母黑琴鸡发现了。

母黑琴鸡一声尖叫，刹那间，所有的鸡雏都不见了。大鸶东瞧瞧，西望望，就是不见鸡雏的影子，仿佛它们全钻到地下去了。这下它只好去找别的猎物充饥了。

母黑琴鸡又叫了一声，四周马上跳出来一群毛茸茸的浅黄色小黑琴鸡。

原来这群小黑琴鸡哪儿也没去，它们只是就地趴下，身子紧紧地贴着地面。谁有能耐分得清哪是小黑琴鸡，哪是树叶、草和土块呢？

请爱护森林

要是干燥的森林遭到闪电袭击，那就要出大事了。要是有人在森林里扔下一根没有熄灭的火柴，或没有灭尽篝火，那也要闯下大祸。

旺盛的火苗像条细细的蛇，从篝火里爬出来，钻进苔藓和干枯的树叶中。突然火苗又从那里蹿出来，火舌舔到了灌木丛，再向一堆干枯的树枝奔去……

刻不容缓，采取措施——这可是林火！火小、势弱的时候,你自己也许可以处置。那就快折下一些树枝，扑打小火，使劲扑打，别让它变大，别让火势蔓延到别处！同时呼唤别人前来帮忙。

如果你身边有铁锹，哪怕有根结实的棍子也好，就用这些工具挖土，用泥土和草皮来把火熄灭。

如果火苗已从地上蔓延到了树上，那就成了一场真正的大火，也可以说是蹿天大火了。赶紧叫人来灭火吧，赶紧发出警报吧！

森　　林　　报

第六期

成群月

（夏三月）

8 月 21 日到 9 月 20 日

太阳进入室女宫

目 录

一年——分12个月谱写的太阳诗章

8月——闪光之月。夜里，一束束稍纵即逝的闪光无声无息地照亮了森林。

草地进行了夏季最后一次换装。现在草地上五彩缤纷的，花朵的颜色越来越深——都是淡蓝色的、淡紫色的。阳光渐渐变得虚弱无力，草地该把这些行将告别的阳光储藏起来了。

蔬菜、水果硕大的果实开始成熟。晚熟的浆果，如马林果、越橘，也快要成熟了，池沼上的蔓越莓、树上的花楸果也快要熟透了。

蘑菇也长出来了，它们不喜欢灼热的阳光，藏在阴凉处躲避阳光，活像一个个小老头。

树木不再长高变粗了。

森林里的新习俗

林子里的小家伙们长大了，纷纷出了窝。

春天里的鸟儿成双成对，结伴待在自己的地盘上，如今带着子女满林子游荡。

林子里的居民现在也忙着走亲访友。就连猛兽和猛禽也不严格守护自己的地盘，猎物到处都有，够大家分享的。

貂、艾鼬和白鼬到处乱窜，反正食物随处可得：傻头傻脑的小鸟、不懂世故的小兔子、粗心大意的小老鼠。

鸣禽成群结队，在灌木丛和大树上徜徉。

族群间各有各的习俗。

以下就来介绍一下它们的习俗。

我为人人，人人为我

谁第一个发现敌情，谁就有义务发出尖叫声，那是对大家发出的警报，整个群体听到后立即四散开来躲避敌害。要是有哪个遭难，大家齐声呐喊，吓唬来敌。

成百双眼睛睁得大大的，成百对耳朵竖得高高的，警惕来犯之敌，成百张利嘴时刻准备着对付敌人的进攻。族群里的新生成员越多越好。

族群里为小辈定下了规矩：务必处处仿效长辈。长辈不慌不忙啄食，你也跟着啄食；长辈抬起头，一动不动，你也得纹丝不动；长辈逃跑，你也跟着逃跑。

教练场

鹤和黑琴鸡都有为年轻一代设立的名副其实的教练场。

黑琴鸡的教练场设在森林里。年轻的公黑琴鸡学习模仿发情的老黑琴鸡的一举一动。老黑琴鸡咕咕叫唤起来，小黑琴鸡也跟着咕咕叫；老黑琴鸡啾啾叫唤，小黑琴鸡也啾啾叫唤——叫唤得轻声细语。

不过这时候的老黑琴鸡已不像春天时那样咕咕叫了。那时它是在叫唤：“我要卖掉皮袄子，卖掉皮袄子，买件大褂子。”

小鹤排着队列飞到教练场。它们在练习如何在空中保持正确的队形——排成“人”字形飞行。为了日后在远程飞行时保存体力，这一套本领不能不掌握。

飞在“人”字队列最前面的是体力最强的老鹤。作为领队者，它一马当先，要克服空气阻力，就要付出更多的气力。当它感到累了，就落到队尾，它原先的位置由另一只精力充沛的鹤取而代之。

年轻的鹤就这样跟在领队的后面，头尾相连，一只紧跟一只，有节奏地扇动翅膀飞行。体力最强的飞在最前面，最弱的飞在最后面。“人”字形队列最前面的鹤冲开气浪，犹如船头，劈浪前行。

会飞的蜘蛛

没有翅膀，怎么飞？

可有些蜘蛛就能变成飞行家——当然得出奇招。

蜘蛛肚皮里吐出细细的蛛丝，再把蛛丝搭在灌木上。风把蛛丝托住，让其四散飘动。而细丝就是扯不断，因为它像丝线一样结实。

蜘蛛待在地面上，蛛网就结在树枝和地面之间，凌空挂着。蜘蛛坐着吐丝。蛛丝把它浑身裹住，就像裹在丝茧里，但蜘蛛还在吐出更多的丝。

蛛丝变得越来越长，那是因为风吹得越来越强。

蜘蛛用脚牢牢顶住地面。

“一、二、三！”蜘蛛迎着风爬过去，同时快速地咬断固定住的一端。

一阵风吹来，蜘蛛脱离了地面。

蜘蛛飞起来了！

快解开缠在身上的蛛丝！

它就像气球一样飞得越来越高……高高地在草丛和灌木丛上空飞行。

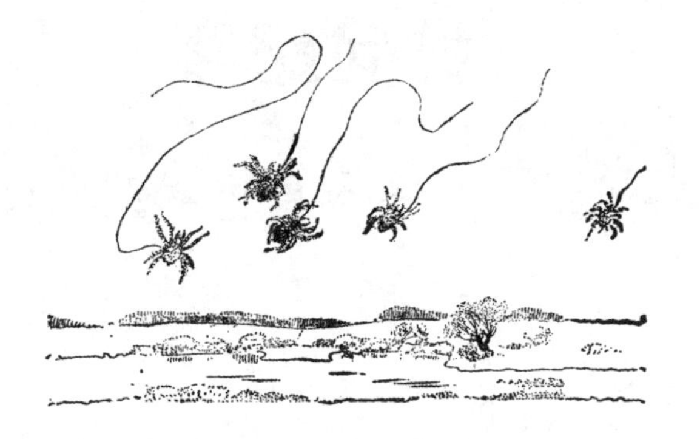

飞行员居高临下地仔细观察地形：哪里适合降落？

身下是森林，小河。再往前，再往前！

瞧，这是谁家的小院子，苍蝇围着一座粪堆飞转。停！往下落！

飞行员把蛛丝绕到自己身下，用小爪子把丝绕成个小球。小球越降越低……

准备——着陆！

蛛丝的一头粘住了一株小草——成功着陆！

可以在这里安居乐业了。

当许多蜘蛛和蛛丝在空中飘舞时——这种事常发生在秋季天气晴朗干燥的日子里——村里人就说这是“夏天老奶奶”，你看，秋天里空中飘飘扬扬的蛛丝不正是老奶奶的银丝白发吗？

林间纪事

一只羊吃光一片森林

这并非笑话，一只山羊确实吃掉了一片森林。

山羊是护林员买回来的。他把山羊运回林子里，拴在草地的一根柱子上。晚上，山羊挣脱绳子，跑到林中去了。

周围全是树木，它躲到哪儿去了呢？幸好这一带没有狼。

一班人找了三天，就是不见山羊的踪影。到了第四天，山羊自己跑回来了，“咩！咩！咩！”叫个不停，好像在说：“你好，我回来了！”

晚上，邻近的一位护林员跑来说，他守护的那个地段的树苗被啃得一干二净，这可不就是吃掉了整整一片森林！

树木幼小的时候完全没有自卫的能力，什么牲口都能糟蹋它，把它连根拔起，吃掉。

山羊看中了细嫩的松树苗。树苗看起来怪可爱的，活像一棵棵小棕榈树：细细的红色树干，树梢上盖着扇子似的一团柔软的绿叶。山羊一定觉得那玩意儿非常可口。

想来山羊未必敢靠近成年的松树，那些松针可不是好惹的！

驻林地记者　维丽卡

捉强盗

成群的黄色柳莺满林子迁徙。从这株树飞到那株树，从这个灌木丛移到那个灌木丛。每一株树和每一个灌木丛，都被它们上上下下地爬遍搜尽。树叶下、树皮上、小洞中，只要有蠕虫、甲虫、蛾子，它们全都啄了吃，要不就拖走。

“啾咿奇！啾咿奇！”一只鸟警惕地叫唤起来。大伙全都警觉起来，只见一只凶猛的白鼬在树根间偷偷摸摸地爬过来，时而露出灰棕色的背脊，时而隐没在枯枝间。它那细细的身子像蛇，蜿蜒而动，凶狠的眼睛像火光，在阴影里闪烁。

四面八方响起了“啾咿奇！啾咿奇！”的叫声，于是整群鸟儿都离开了那棵树。

大白天还好，只要哪只鸟发现来敌，大家就都可以得救了，可一到夜里，鸟儿都蜷缩在树枝间睡觉，但敌人没有睡觉。猫头鹰悄无声息地扇动柔软的翅膀，飞到跟前，一发现目标，就嚓的一下！睡梦中的小鸟吓得晕头转向，四散逃生，可还是有三两只落入强盗的钢牙铁嘴之中，拼死挣扎。黑夜里真是糟糕透了！

鸟群一棵棵树、一丛丛灌木迁徙过去，继续向森林深处跋涉。轻盈的小鸟飞过绿树碧草，迁徙到最为隐秘的角落里去。

密林中央有一个粗树桩，上面长着一簇形状丑陋的树菇。

一只柳莺飞到树菇跟前，想看看这里有没有蜗牛。

突然，树菇的灰色眼皮慢慢睁开了，下面露出两只凶光毕露的圆溜溜的眼睛。

到了这时候，柳莺才看清那张猫一样的圆脸和脸上凶猛的钩嘴。

柳莺吓得退到了一边，鸟群慌作一团，发出“啾咿奇！啾咿奇！”的叫声，但没有哪个飞走，大家都勇敢地把树桩团团围住了。

“猫头鹰！猫头鹰！猫头鹰！请求援助！请求援助！”

猫头鹰只是怒气冲冲地吧嗒着钩嘴：“缠上我啦！连个安稳觉也不让睡！”

就在这时，小鸟儿听到柳莺的警报后从四面八方飞了过来。

捉强盗！

小巧的黄头戴菊鸟从高高的云杉上冲下来。活跃的山雀从树丛里跳出来，勇敢地加入冲锋的队伍中。它们就在猫头鹰的鼻子底下飞来飞去，翻身腾挪，嘲弄它：

“来呀，抓吧！追过来呀！你这卑鄙的夜行大盗，敢在光天化日之下动手吗？”

猫头鹰只是把钩嘴弄得笃笃响，眨巴着眼睛：大白天它能有什么作为？

小鸟越来越多。柳莺和山雀的叫声和喧哗声引来了一大群勇敢而强大的森林乌鸦——松鸦。

猫头鹰吓坏了，翅膀一展，逃之夭夭。趁现在毛发未损，逃命要紧，要不准会被这一群鸟活活啄成秃子。

这群鸟紧追不舍，追呀追，直到把强盗逐出这片森林才“收兵”。

这天夜里，柳莺总算能睡上一个安稳觉了。受过这么一顿教训后，猫头鹰很长时间都不敢回到老地方来了。

一吓就死的熊

一天晚上，猎人从林子里回来的时候已经很晚了。他走到燕麦地边，一看，麦地里有个黑乎乎的东西在打滚，那是什么呀？莫非是牲口进了不该去的地方？

他仔细一瞧，老天爷啊，燕麦地里有头熊！它趴着，两只前爪搂着一捆麦穗，塞在身下，正美美地吮吸着燕麦的汁水。只见它懒洋洋地趴在地上，心满意足地发出哼哧哼哧的声音。看来，燕麦的汁水还挺合它的胃口呢。

不巧的是猎人的子弹用光了，只剩下一颗小霰弹，那只适合打鸟。不过，他是个很勇敢的小伙子。

“哎，管它呢，”他心想，“好歹先朝天开一枪再说，总不能眼看着熊瞎子糟蹋庄稼不管。要是没伤着它，它是不会伤人的。”

他托起了枪，在熊的耳朵上方砰地开了一枪！

熊瞎子被这突如其来的枪声吓得跳了起来。燕麦地边有堆枯树枝，它像鸟那样快速地从这堆枯枝上蹿了过去。

熊瞎子摔了一跤，爬起来，头也不回地往林子里跑去。

猎人见熊瞎子胆子这么小，笑了笑，回家了。

第二天早晨，他心想：我要去瞧瞧，地里的燕麦到底给糟蹋了多少。他到了燕麦地，看到昨晚熊居然被吓得大小便失禁，从地头到林子，一路上都留下了它拉下的粪便。

猎人循着粪便的痕迹找过去，发现熊倒在那儿，死了。

这么说，熊是被出其不意的枪声吓死的。熊还算是森林里力气最大、最可怕的动物呢！

白野鸭

湖中央落下一群野鸭。

我在岸上观察它们，惊奇地发现，在一群夏季披着纯灰色羽毛的野鸭中，居然有一只野鸭的羽毛颜色很浅，十分显眼。它一直待在鸭群中央。

我拿起望远镜，仔细地对它做了全面的观察。它从喙到尾巴，浑身都是浅黄色的。当清晨明亮的太阳从乌云中出来时，这只野鸭突然变得雪白雪白，白得耀眼，在一群深灰色的同类中显得非常突出。不过其他方面，它并无与众不同之处。

在我50年的狩猎生涯中，从来没有亲眼见过这种得了白化病的野鸭。患这种病的动物的身体里缺乏黑色素。它们一出生毛色就是白的，或只是很浅的颜色，这种状况要伴随它们一生。所以，它们没有保护色，而保护色对于这些动物是生死攸关的，有了保护色，在生活的环境中就不容易被天敌发现。

我当然很想把这只极罕见的野鸭弄到手，看看它是如何逃过猛禽的利爪的。不过此时此刻是绝对办不到的，因为这时候一群野鸭都停歇在湖中央，为的就是不让人靠近猎杀它们。这场面搅得我好不心焦，没法子，只有等待机会，看什么时候白野鸭能游到近岸，离我近些。

想不到这样的机会很快就来了。

正当我沿着窄窄的湖湾走时，突然从草丛中蹿出几只灰野鸭，其中就有这只白野鸭。我端起家伙就是一枪。不料在我要开枪的刹那间，一只灰野鸭过来挡在白野鸭的前面，灰野鸭中弹倒了下去，白野鸭跟着其他几只野鸭逃走了。

这是偶然的吗？当然是偶然的！那个夏天，我在湖中央和水湾里好几次见过这只白野鸭，但每次都有几只灰野鸭陪着它，好像在护卫着它。自然，猎人的霰弹每每都打在普通的灰野鸭身上，而白野鸭在它们的保护下安然无恙地飞走了。

我最终没有把白野鸭弄到手。

这件事发生在皮罗斯湖上——就在诺夫哥罗德州和加里宁州的交界处。

维·比安基

·森·林·报·

秋

森　林　报

第七期

候鸟辞乡月

（秋一月）

9 月 21 日到 10 月 20 日

太阳进入天秤宫

目　录

一年——分12个月谱写的太阳诗章

9月里愁云惨淡，生灵哀号。伴随着呼啸的秋风，天空中的阴霾开始出现得越来越频繁。秋季的第一个月已来到跟前。

秋季和春季一样，有着自己的工作进程，只不过一切程序都反过来了。秋临大地是在空中初露端倪的，枝头的树叶开始渐渐地变黄、变红、变褐。树叶一旦缺少阳光，便开始枯萎，很快就失去了碧绿的色彩。枝头长着叶柄的地方开始出现枯萎的痕迹。即使在完全静止无风的日子里，也会蓦然有树叶坠落。这儿落下一片发黄的桦树叶，那儿落下一片发红的杨树叶，轻盈地在空中飘摇下坠，在地面上无声无息地滑过。

你清晨醒来的时候会首次发现草上的雾凇，你得在自己的日记里记下："秋季开始了。"从这一天起（确切地说，是从前一天夜里算起，因为初寒往往在凌晨降临），树叶会越来越频繁地从枝头脱落，直至寒风骤起，刮尽残叶，脱去森林艳丽的夏装。

雨燕不见了踪影。燕子和在我们这儿度夏的其他候鸟都群集在一起，显然是要趁着夜色踏上遥遥征途。空中变得冷冷清清，水也越来越凉，再也激不起人们游泳的兴致……

突然间，仿佛在记忆犹新的美丽夏日似的，天气回暖了，白天变得和煦、明媚、安宁。宁谧的空中飞舞着一条条银光闪闪的细长的蛛丝，田野上新鲜的嫩绿庄稼泛出了喜悦的光泽。

“遇上小阳春了。”村里人怀着浓浓爱意望着生气勃勃的秋苗，笑盈盈地说道。

林中万物正在为度过漫长的寒冬做准备，一切未来的生命都稳稳当当地躲藏起来，暖暖和和地包裹起来，与其有关的一切操劳在来年春回之前都已停止。

只有母兔不消停，依然不甘心夏季就这么完了——它们又生下了小兔崽儿！生下的是秋兔。林子里长出了伞柄细细的蜜环菌。夏季结束了。

候鸟辞乡月已然来临。

如同在春季一样，来自林区的电讯又纷纷传到本报编辑部，每时每刻都有新闻，每日每夜都有事件报道。又如在候鸟回乡月一样，鸟类开始长途跋涉，这回是由北向南。

于是秋季登场了。

林间纪事

告别的歌声

白桦树上的树叶已明显地稀疏起来，早已被窝主抛弃的椋鸟窝孤独地在光秃秃的枝干上摇晃着。怎么回事？突然有两只椋鸟飞了过来。雌鸟溜进了窝里，在窝里煞有介事地忙活着。雄鸟停在一根树枝上，四下里东张西望，接着唱起了歌。不过它轻轻地唱着，似乎是在自娱自乐。

终于它唱完了。雌鸟飞出了窝，它得赶紧回到自己的群体中去。雄鸟也跟着飞走了。该离开了，该离开了，明天，它们将踏上万里征途。

它们是来和夏天在此养育儿女的小屋告别的。它们不会忘记这间小屋，到了来年春天还会回来住的。

摘自少年自然界研究者的日记

最后的浆果

沼泽地上的蔓越莓成熟了，它长在一个个泥炭土墩上，浆果直接在苔藓上搁着。这些浆果老远就能看见，可是却看不出长在什么上面。你只要就近观察一番，就会发现在苔藓垫子上伸展着像线一样纤细的茎。茎的两边长着一些小而硬得发亮的叶子。

这就是一棵完整的半灌木[1]。

H. 帕甫洛娃

秋季的蘑菇

现在森林里是一副凄凄惨惨的样子，光秃秃的一片，充满湿气，散发出腐叶的气息。但也有一样叫人高兴的东西：蜜环菌，看着它都觉得开心。它们有的一丛丛地长在树墩上、树干上，有的散布在地面上，仿佛一个个离群的个体独自在这里徘徊。

看着开心，采摘起来也愉快。即使只采菌盖，而

---

① 半灌木：一类外形似灌木的木本植物。植株一般矮小，枝干丛生于地面。与灌木的区别：仅地下部分为多年生；地上部分则为一年生，越冬时多枯萎死亡。

且专挑好的，那也不消几分钟就能采满一小篮。

小的蜜环菌很好看，它的菌盖还紧实地收着，就如婴儿的帽子，下面是白白的小围巾。几天以后它就会松开，成为真正的菌盖，而小围巾则变成了领子。

整个菌盖是由毛边的鳞状物组成的。它是什么颜色呢？这一点不容易说确切，大抵是一种悦目的、静谧的浅褐色。小蘑菇菌盖下面的菌褶仍然是白的，老了以后几乎呈淡黄色。

可是你们是否发现，当老蘑菇的菌盖罩住小蘑菇时，小蘑菇上面仿佛撒满了粉末，你会认为上面长出了霉点。但是你很快就想起来了："这是孢子！"也就是从老蘑菇的菌盖下面撒出来的。

如果你想吃蜜环菌，可要认准它的全部特征。常有人把有毒的大型菌类，即毒蕈当作蜜环菌带到集市上出售。有一些毒蕈的样子和蜜环菌相似，而且也长在树墩上。但是所有毒蕈的菌盖下面都没有领圈，菌盖上没有鳞状物，菌盖颜色鲜艳，呈黄色或浅红色，菌褶呈黄色或绿色，孢子是深色的。

H. 帕甫洛娃

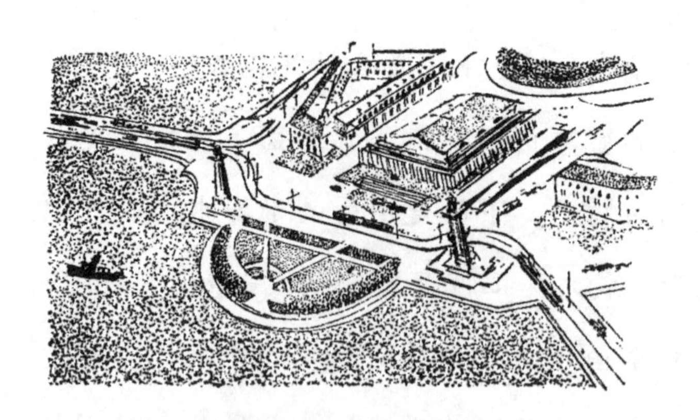

都市新闻

仓鼠

我们正在挖土豆。突然，在我们劳作的地方有什么东西呜呜叫了起来。后来狗跑了过来，就在这块地旁边坐了下来，开始东闻西嗅，而这小东西还在呜呜叫个不停。于是狗开始用爪子刨地，它一面刨一面不停地汪汪叫，因为那东西一直在对它呜呜叫。狗刨出了一个小土坑，这时勉强能见到这小兽的头部。接着狗刨出的坑很大了，便把小兽拖了出来，但是它咬了狗一口。狗把它从自己身上扔了出去，又拼

命地汪汪叫起来。这只小兽和一只小猫差不多大，毛色灰中夹杂着黄色、黑色和白色。我们这儿称它为黄鼠（仓鼠）。

驻林地记者　巴拉绍娃·玛丽亚

连蘑菇都忘了采

在9月里，我和同学们一起到森林里去采蘑菇。我在那里惊起了4只花尾榛鸡。它们一身灰色，长着短短的脖子。

接着，我见到一条被打死的蛇。它已经风干了，挂在树墩上。树墩上有个小洞，从那里传出咝咝的声音。我想这儿大概是蛇窝，就从这可怕的地方跑开了。后来当我走近沼泽时，我见到了有生以来从未见过的情景：7只鹤从沼泽里飞上了天，仿佛7只绵羊。以往我只在学校的海报上见到过它们。

伙伴们都采了满满的一篮蘑菇，我却一直在林子里东奔西跑，到处都有小小的鸟儿，传出各种婉转的叫声。

在我们走回家时，一只灰色的兔子奔跑着从路上横穿过去，只见它的脖子是白的，一条后腿也是白的。

我从一旁绕过了有蛇窝的那个树墩。我们还见到了许多大雁，它们飞过我们村的上空，发出嘹亮的叫声。

驻林地记者　别兹苗内依

喜鹊

春天的时候，村里的几个小孩捣毁了一个喜鹊窝，我向他们买了一只小喜鹊。在一昼夜的时间里，它很快就被驯服了，第二天它已经敢直接从我手里吃食和饮水了。我们给它起了个名字：魔法师。它已听惯了这个称呼，一听见有人叫它就会回应。

长出翅膀后，它喜欢飞到门上面停着。在门对面的厨房里，我们有一张带抽屉的桌子，抽屉里总放着一些吃的东西。通常只要你一拉开抽屉，喜鹊立马就从门上飞进抽屉，急急忙忙地抢着吃里面的东西。如果你要把它捉出来，它就“嘁嘁”叫，赖着不肯离开。

我去取水时对它喊一声：“‘魔法师’，跟我走！”

它就停到我肩膀上，跟我走了。

我们准备喝茶的时候，喜鹊总喜欢喧宾夺主：啄一块糖，抓一块小面包，要不就把爪子直接伸进热牛奶里去。不过最可笑的事常发生在我去菜园里给胡萝卜除草的时候，“魔法师”就停在那里的菜垄上，看我怎么做。接着，它也开始从地上拔东西，像我一样把拔出的东西放成一堆：它在帮我除草呢！令人哭笑不得的是，这位助手却良莠不分——它把杂草和胡萝卜都一起拔了。

驻林地记者　维拉·米海耶娃

鸟类飞往越冬地

自天空俯瞰秋色

真想从高空俯瞰我们辽阔无际的国家。在清秋时节，乘坐热气球升到高空，俯瞰耸立的森林，俯瞰飘移的白云——离地大约有30千米吧。尽管我们国土的疆垠你依然看不到，但当你放眼望去，你就会发现大地竟是如此广袤！当然，这得在万里无云的日子里。

在高空鸟瞰下方，你会觉得似乎整块大地都在运动：有什么东西正在森林、草原、山岭、海洋的上空移动。

这是无数的鸟群在飞翔，我们的候鸟踏上了去往越冬地的旅程。

当然有些鸟儿依然留在了原地：麻雀、鸽子、寒鸦、红腹灰雀、黄雀、山雀、啄木鸟和别的小鸟，留下来的还有除鹌鹑以外几乎所有的野鸡、苍鹰、大猫头鹰等。不过，这些猛禽在我们这儿一到冬季便无事可做了，因为大部分鸟类都飞去了越冬地。迁徙是从夏末开始的，最先飞走的是春季来得最晚的那些鸟儿。鸟类的迁徙会持续一整个秋季，直至河水封冻。最后飞离我们的是春季最先出现的鸟儿：白嘴鸦、云雀、椋鸟、野鸭、海鸥……

各有去处

你们是否以为从气球上望去，在通向越冬地的路上布满了自北向南飞行的如潮鸟群？那就大错特错了！

不同种类的鸟在不同的时间飞离，大部分在夜间飞行，因为这样比较安全。而且，并非所有的鸟都自北向南飞往越冬地。有些鸟在秋季是自东向西飞的，另一些则相反——自西向东。我们这儿还有这样一些鸟，它们竟直接飞往北方越冬！

Ф-197357号脚环的小故事

一只小小的鸥鸟——北极燕鸥的脚上套了个编号为Ф-197357的轻金属脚环，那是我们俄罗斯的一位年轻学者给戴上的。这件事发生在1955年7月5日，北极圈外白海上的坎达拉克沙自然保护区。

这一年的7月底，小鸟儿刚刚会飞，北极燕鸥便聚集成群，起程踏上了越冬的旅途。它们先向北飞，飞向白海的入海口，接着向西沿着科拉半岛的北海岸，然后转向南，沿着挪威、英国、葡萄牙和整个非洲的海岸一路飞行。绕过好望角后，它们就飞到了东方：从大西洋进入了印度洋。

1965年5月16日，在弗里曼特尔市附近的澳大利亚西海岸——离坎达拉克沙自然保护区直线距离24 000多千米的地方，戴着Φ-197357号脚环的年轻北极燕鸥被一位澳大利亚学者捕获了。

这只鸟的标本连同它脚上的金属环现在收藏在澳大利亚珀斯市的动物博物馆里。

天南地北

无线电通报
请注意！请注意！

这里是列宁格勒广播电台——《森林报》编辑部。

今天是9月22日，秋分。我们继续播报来自我国各地的无线电通报。

呼叫苔原和原始森林、沙漠和高山、草原和海洋地区。请告诉我们，现在，正当清秋时节，你们那里正在发生什么事？

请收听！请收听！
亚马尔半岛苔原广播电台

我们这儿所有活动都结束了。山崖上夏季还是熙熙攘攘的鸟类群集地，如今再也听不到大呼小叫和尖声啾唧，那一伙歌声悠扬的小鸟已经从我们这儿飞走。

大雁、野鸭、海鸥和乌鸦也飞走了。现在这里一片寂静，只是偶尔会传来可怕的骨头碰撞的声音：这是公鹿在用角打斗。

还在8月份的时候，清晨的严寒就已经显露了。现在所有水面都已封冻。捕鱼的帆船和机动船早已驶离，轮船还留在这里——沉重的破冰船在坚硬的冰原上艰难地为它们开辟前进的航道。

白昼越来越短，夜晚显得漫长、黑暗和寒冷，空中飞舞着雪花。

乌拉尔原始森林广播电台

我们迎来了一批批客人，然后又送走了它们，就这样迎来送往着。我们迎来了会唱歌的鸣禽、野鸭、大雁，它们从北方，从苔原飞来我们这里。它们飞经我们这里，逗留的时间不长，今天有一群停下来休息、觅食，明天你一看，它们已经不在了——夜间它们已经不慌不忙地上路，继续前进了。

我们正在为在这儿度夏的鸟类送行。我们这儿的候鸟大部分都已出发，跟随渐渐变少的阳光踏上遥远的秋季旅程——去往温暖之乡过冬。

风儿从白桦树、山杨树、花楸树上，带走了发黄、发红的树叶。落叶松呈现出一片金黄，它们柔软的针叶失去了绿油油的光泽。每天傍晚，原始森林中笨重的美髯公松鸡便飞上落叶松的枝头，它们通身都是黑的，一只只停在柔软的金黄色针叶丛里，采食针叶填满自己的嗉囊。花尾榛鸡在黑暗的云杉叶丛间婉转啼鸣。出现了许多红肚皮的雄灰雀和灰色的雌灰雀、深红色的松雀、红脑袋的白腰朱顶雀、角百灵。这些鸟也是从北方飞来的，不过不再继续南飞了，它们在这儿过得挺舒坦的。

田野上变得空空荡荡。在晴朗的日子，在依稀感觉得到的微风的吹拂下，我们的头顶上方飘扬着一根根纤细的蛛丝。到处都有还开着花的三色堇，在卫矛的灌木丛上挂着美丽殷红的果实，像一盏盏中国灯笼似的。

我们快要挖完土豆了，在菜地里收起了最后一茬蔬菜——大白菜。我们的地窖里装满了过冬用的蔬菜，我们还要去原始森林里采集雪松的松子。

小兽们也不甘心落在我们后面。生活在地里的小松鼠——长着一根细尾巴、背部有五道鲜明的黑色斑纹的花鼠，往自己安在树桩下的洞穴里搬进许多松子，还从菜园里偷了许多葵花子，把自己的仓库囤得满满当当的。红棕色的松鼠把蘑菇放在树枝上晾干，身上换上了浅蓝色的皮大衣。长尾巴的林鼠、短尾巴的田鼠和水鼠都用形形色色的谷粒囤满了自己的地下粮库。身上有花斑的林中星鸦也把坚果拖来藏进树洞里或树根下，好在艰难的日子里糊口。

熊为自己物色好了做洞穴的地方，用爪子在云杉树上剥下树皮，给自己当褥子。

所有动物都在为越冬做准备，大家都辛勤忙碌着。

沙漠广播电台

我们这儿和春天一样，还是一派节日景象，充满了生机。

难熬的酷暑已经消退，下了几场雨，空气清新明净，远方的景物清晰可见。草儿重新披上了翠色，为逃避致命的夏季烈日而躲藏起来的动物又出来活动了。

甲虫、苍蝇、蜘蛛从土里爬了出来。爪子纤细的黄鼠爬出了深邃的洞穴，跳鼠仿佛小巧的袋鼠，拖根长尾巴跳跃着前进。从夏眠中苏醒的草原红沙蛇又在捕食跳鼠了。不知从哪儿来了些猫头鹰、草原狐、沙狐和沙丘猫。健步如飞的羚羊也跑来了这里，有体态匀称、黑尾巴的鹅喉羚，也有鼻梁凸起的高鼻羚羊；还飞来了各种鸟儿。

又像春季一样，沙漠不再荒凉，而是长满了绿色植物，充满了勃勃生机。

我们仍在继续做征服沙漠的斗争。数百数千公顷土地将被防护林带覆盖，森林将保护耕地免遭沙漠热风的侵袭，并将流沙制伏。

世界屋脊广播电台

帕米尔的山岭是如此高峻，所以有“世界屋脊”之称。这里有 7 000 多米高的山峰，直耸云霄。

在我们这里有同一时间之内夏季与冬季并存的地方。山下是夏季，山上是冬季。可现在秋季到了。冬季开始从山顶、从云端下移，迫使生活在那里的生灵也自上而下转移。

最先从位于难以攀登的寒冷峭壁上的栖息地向下转移的是野山羊。它们在那里再也啃不到任何食物了，因为所有植物都被埋到了雪下，冻死了。

野绵羊也开始从自己的牧场向山下转移。

肥胖的旱獭也从高山草地上消失了，夏天它们曾经那么活跃，现在，它们退到了地下：它们储存了越冬的食物，已吃得膘肥体壮，钻进了洞穴，用草把洞口堵得严严实实。

鹿、狍子沿山坡下到了更低的地方。野猪在胡桃树、黄连木和野杏树的林子里觅食。

山下的谷地里，幽深的狭谷里，突然间冒出了夏季在这里见不到的各种鸟类：角百灵、烟灰色的草地鹀、红尾鸲、神秘的蓝色鸟儿——高山鸫鸟。如今，一群群飞鸟从遥远的北国飞来这里，来到温暖之乡，来到这有各种丰富食物的地方。

现在，我们这儿的山下经常下雨。随着每一场连绵秋雨的降临，可以看出冬季正在自上而下地向我们走来，山上已经大雪纷飞了。

田间正在采摘棉花，果园里正在采摘各种水果，山坡上正在采收胡桃。

一条条山路上已盖满了深厚的积雪，无法通行了。

乌克兰草原广播电台

在匀整、平坦、被太阳晒得干枯的草原上，飞速滚动着一个个圆球。它们很快就飞到了你眼前，将你团团围住，砸到了你的双脚，但是一点儿也不痛，因为它们很轻。其实这些根本不是球，而是一种圆球形的草，是由一根根向四面八方伸展的枯茎组成的球形物。它们就这样蹦跳着飞速地经过所有的土墩和岩石，落到了小山的后面。

这是风儿连根拔起的一丛丛风滚草，风推着它们像轮子一样不断地向前滚，驱赶着它们在整个草原游荡，它们趁机一路撒下自己的种子。

眼看着燥热的风在草原上的游荡即将停止，人们旨在保护土地而种植的防护林带已经巍然挺立，它们拯救了我们的庄稼免遭旱灾。引自列宁运河[①]的一条条灌溉渠已经修筑竣工。

现在我们这儿正当狩猎的最好季节。生活在沼泽地和水上的形形色色的野禽多得像乌云一样，有土生土长的，也有路经这里的，挤满了草原湖泊的芦苇荡，而在小山沟和未经刈割的草地里密密麻麻地聚集着一群小小的肥母鸡——鹌鹑。草原上还有数不清的兔子——尽是硕大的棕红色灰兔（我们这儿没有雪兔），

① 列宁运河：俄罗斯境内连接伏尔加河和顿河的通航运河，长 101 千米，水深 3.5 米以上，1952 年起通航。

狐狸和狼也多的是！只要你愿意，就端起猎枪打。只要你愿意，就把猎狗放出去！

城里的集市上有堆得像山一样的西瓜、甜瓜、苹果、梨子和李子。

大洋广播电台

现在我们正在北冰洋的冰原之间航行，先是在白令海峡，然后是鄂霍次克海，我们开始经常遇见鲸。

世上竟有如此令人惊奇的野兽！你只要想一想：多么庞大的身躯，多么惊人的体重，又该有多大的力气！我们见到了一头被拖到一艘巨大的捕鲸船甲板上的鲸——一头长须鲸。它身长 21 米：得把 6 头大象彼此首尾相接排成一行才抵得上！它的嘴里容得下连桨手在内的整条小船。

它的心脏重达 148 千克，重量抵得上两个成年人。它的总重量是 55 吨。如果把这头野兽放到天平一侧的秤盘上，那么另一侧至少得爬上 1 000 个人——男人、女人和儿童都上去，也许这样还不够呢。何况这头鲸还不是最大的，有一种蓝鲸长达 33 米，重量超过 100 吨。

现在已是秋季，鲸正离开我们游向热带温暖的水域。它们将在那里产下自己的幼崽，明年鲸妈妈将带着自己的子女回到我们这里，回到太平洋和北冰洋的水域，吃奶的幼鲸个头比 2 头奶牛还大。在我们这儿，幼鲸是受保护的。

我们来自全国各地的无线电通报到此结束。我们的下一次，也是最后一次通报将在 12 月 22 日进行。

森林报

第八期

仓满粮足月

（秋二月）

10 月 21 日到 11 月 20 日　　　　太阳进入天蝎宫

目 录

一年——分12个月谱写的太阳诗章

10月——落叶、泥泞、准备越冬的时节。

扫荡残叶的秋风刮尽了林木上最后的枯枝败叶。秋雨绵绵，一只停栖在围墙上的湿漉漉的乌鸦感到寂寞无聊。它很快也要踏上旅途：在我们这儿度过夏天的灰色乌鸦已悄悄地成群结队地向南方迁徙，同样在悄悄地取而代之的是在北方出生的乌鸦。原来乌鸦也是一种候鸟。在遥远的北方，乌鸦是最先飞临的候鸟，就像我们这儿的白嘴鸦，它们也是最后飞离的候鸟。

秋季在做完第一件事——给森林脱去衣装以后，开始着手做第二件事：将水冷却再冷却。早晨，水洼越来越频繁地被脆弱的薄冰所覆盖。河水和空气一样，已经没有了生气。夏季在水面上显得鲜艳夺目的那些花朵，早就把自己的种子坠入水底，把自己长长的花柄伸到了水下。鱼儿钻进了河底的深坑里，在水不会结冰的地方过冬。长着柔软尾巴的蝾螈在水塘里度过了整个夏季，现在爬出水面，爬到旱地里，在树根下的苔藓里过冬。静止的水面已经结冰。

旱地的变温动物也快冻僵了。昆虫、老鼠、蜘蛛、多足纲生物都不知在哪儿躲藏了起来。蛇钻进了干燥的坑里，盘成一团，身体开始徐徐冷却。青蛙钻进了淤泥，小蜥蜴躲进了树墩上脱开的树皮里，在那里昏昏睡去……野兽呢，有的换上了暖和的毛皮大衣，有的忙着装满自己的粮仓，有的为自己营造洞穴。它们都在为过冬做准备……

在阴雨连绵的秋季，室外有七种天气现象：细雨纷飞、微风轻拂、风折大树、天昏地暗、北风呼啸、大雨倾盆、雪花卷地。

准备越冬

天还不算太冷，可是马虎不得：一旦严寒降临，土地和河水刹那间就会结冰封冻。到那时，你上哪儿弄吃的去？你到哪儿去藏身？

森林里，每一种动物都有自己越冬的办法。

有的到了一定时候就张开翅膀远走高飞，避开了饥饿和寒冷；有的留在原地，抓紧时间补充自己的粮仓，贮备日后的食物。

尤其卖力地搬运食物的是短尾巴的田鼠。许多田鼠直接在禾垛里或粮垛下面挖掘自己越冬的洞穴，每天夜里从那里偷窃谷物。

通向洞穴的通道有五六条，每一条通道都有自己的入口。地下有一间卧室，还有几间粮仓。

只有在冬季最寒冷的时候田鼠才开始冬眠，所以它们要储备大量的粮食。有些田鼠的洞穴里已经储存了四五千克的上等谷物。

小的啮齿动物在粮田里大肆偷窃，我们应当尽早对此采取预防措施。

越冬的小草

树木和多年生草本植物都做好了越冬准备。一些一年生的草本植物已经撒下了自己的种子，但是并非所有的一年生草本植物都是以种子的形式越冬的，它们有些已经发芽。相当多的一年生杂草在重新锄松的菜地里已经发了芽。在光秃秃的黑土地上看得见一簇簇锯齿状的荠菜叶子，还有样子像荨麻的、毛茸茸、紫红色的野芝麻小叶子，小巧而散发着香味的洋甘菊、三色堇、遏蓝菜，当然还有讨厌的繁缕。

这些小植物都做好了越冬的准备，将生命延续到来年秋季。

H. 帕甫洛娃

松鼠的干燥场

松鼠从自己筑在树上的多个圆形窝里拨出一个来用作仓库。它在那里存放收集来的坚果和球果。

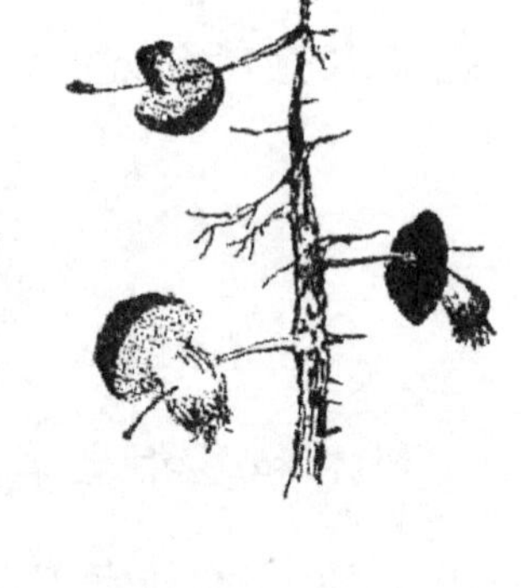

此外，松鼠还采蘑菇——牛肝菌和鳞皮牛肝菌。它把蘑菇插在松树细细的断枝上晒干。冬季它就在树枝间游荡，用干燥的蘑菇充饥。

本身就是一座粮仓

许多野兽并不为自己修筑任何专门的粮仓，它们本身就是一座粮仓。

在秋季里它们不停地吃啊吃啊，吃得肥头大耳，胖得不能再胖，于是一切营养都储存在身体里了。

脂肪就是它们储存的食物。脂肪形成厚厚的一层沉积于皮下，当动物没有食物时就渗透到血液里，犹如食物被肠壁吸收一样。血液则把营养带到全身。这么做的有熊、獾、蝙蝠和其他在整个冬季沉沉酣睡的所有大小兽类，它们把肚子塞满了，就去睡觉了。

此外，它们的脂肪还能保暖，阻止寒气渗透到身体里。

林间纪事

贼偷贼

论狡猾和偷盗，森林里的长耳鸮算得上高手，可是居然还有个更厉害的小偷，能牵着它的鼻子走。

长耳鸮的样子像雕鸮，但是个头要小些。它的嘴是钩形的，头上的羽毛向上竖着，眼球突出。无论夜间有多黑，它那双眼睛都能一览无余，它那对耳朵什么动静都不会放过。

老鼠在枯叶堆里窸窣一响，长耳鸮就从天而降了。嗖的一声，老鼠就被它带到了空中。一只兔子正快速穿

过林间空地，黑夜里的盗匪已经来到它的头顶。嗖的一声，兔子已经在利爪中挣扎了。

长耳鸮把猎获的一只只老鼠搬回自己的树洞里。它自己不吃，也不给别人吃，它要储藏起来过冬用。

白天它待在树洞里守着储备的食物，夜间就飞出去捕猎。它不时回来一趟，看看东西是不是都在。

忽然，长耳鸮开始觉察：它的储备似乎变少了。洞主眼睛很尖，它没学过数数，却会用眼睛估算。

黑夜降临了，长耳鸮感到饥肠辘辘，便飞出去捕猎。

等它回来一看，一只老鼠也没有了！这时它发现树洞底部有一只身长和家鼠相仿的灰色小动物在蠕动。

它想用爪子抓它，可那家伙嗖的一下从小孔里钻了下去，已经在地上飞也似地跑开了。它的嘴里还叼着一只小老鼠。

长耳鸮跟着追了过去，眼看就要追上了，可一旦看清楚小偷的模样，它就害怕了，没再追讨自己的猎物。原来，小偷是一只凶猛的小兽——伶鼬。

伶鼬以劫掠为生，尽管个头很小，却极其勇猛灵巧，甚至敢和长耳鸮叫板。一旦它用牙齿咬住长耳鸮的胸脯，是无论如何也不会松口的。

红胸脯的小鸟

夏天，有一次我在林子里走，听到稠密的草丛里有东西在跑。起先我吓得打了个哆嗦，接着开始仔细地四下里搜寻。我发现一只小鸟被草丛绊住了脚。它个头不大，身体是灰色的，胸脯是红色的。我捧起这只小鸟，如获至宝地把它带回了家。

在家里，我给它喂了点儿东西。它吃了点儿，显得高兴起来。我给它做了个笼子，捉来小虫子喂它，整个秋季它都住在我家。

有一次我出去玩儿，没关好笼子，我的小鸟就被猫吃了。

我非常喜欢这只小鸟，为此还哭了鼻子，但是又有什么办法呢？

驻林地记者　格·奥斯塔宁

我抓了只松鼠

松鼠每年都操心这样一件事：夏天把食物储藏起来，冬天就可借此果腹。我亲眼观察到了一只松鼠是如何从云杉上摘取球果，拖进树洞的。于是，我们砍

倒了这棵树，当我们从里面拖出松鼠时，发现树洞里有许多球果。我们把松鼠带回家，关进了笼子。一个小男孩把手指伸进笼子，松鼠一口就把他的手指咬破了——它就是这副德行！我们带给它许多云杉球果，它吃得津津有味的，不过它最爱吃的还是坚果。

驻林地记者　H. 斯米尔诺夫

我的小鸭

我妈妈把三个鸭蛋放到了母火鸡的肚子底下。

三个星期后，母火鸡孵出了一群小火鸡和三只小鸭。在它们的身子骨还不结实的时候，我一直把它们放在暖和的地方。

一天，我第一次把母火鸡、小火鸡和小鸭放到了户外。我们家房子旁边有一条水渠，小鸭马上一扭一扭地跳进水渠游了起来。母火鸡跑了过来，慌里慌张地大声叫着："噢！噢！"它看到小鸭安安稳稳地泅着水，对它理都不理，于是才放了心，领着自己的小火鸡走了。

小鸭游了一会儿，就冻得受不了了，便从水里爬了出来，一面嘎嘎叫着，一面瑟瑟发抖，可是没有取暖的地方。

我把它们捧在手里，盖上毛巾，带回了房间。它们立马放心了，就这样在我身边住了下来。

一天清早，我们把它们放到了户外，它们立刻下了水。等感到冷了，就跑回家来。它们还飞不上门口的台阶，因为翅膀还没有长好，所以就可怜兮兮地嘎嘎叫着。有人把它们放到台阶上，它们就直接向我的床边奔来，排成一行站着，伸长脖子又叫了起来。而我正睡着呢，妈妈把它们拿到床上，它们就钻进我的被窝里，也睡着了。

快到秋天的时候它们长大了些，可我却被送进城上学去了。我的小鸭久久地思念着我，叫个不停。得知这个情况，我掉了不少眼泪。

驻林地记者　维拉·米谢耶娃

害怕……

树木落尽了叶子，森林显得稀疏起来。

林中的一只小雪兔趴在一丛灌木下，身子紧贴着地面，只有一双眼睛在扫视着四周。它心里害怕得很，周围不断传来窸窸窣窣、噼里啪啦的声音。可别是鹞鹰的翅膀在树枝间扇动的声音吧？莫不是狐狸的爪子在落叶上簌簌走动？这只兔子的毛色正在变白，全身开始长出一个个白色斑点。再等等，等到下雪就好了！

周围是那么亮，林子里色彩很丰富，满地都是黄色、红色、褐色的落叶。

要是突然出现猎人怎么办？跳起来，逃跑？怎么逃？脚下的枯叶像铁片一样发出脆响，自己的脚步声就能把自己吓个半死！

于是，兔子蜷缩在树丛下，贴着地面的苔藓，紧挨着一个桦树墩趴着，一动也不动，惊恐的小眼睛扫视着四周，好害怕呀……

鸟类飞往越冬地

并非如此简单！

看起来这似乎是再简单不过的事：既然长着翅膀，想什么时候飞，飞往什么地方，就飞呗！在这儿待着已经又冷又饿，那就振翅上天，稍稍往比较温暖的南边挪动一下。如果那里又变冷了，就再飞远点儿。随便在某个温暖的地方越冬吧，只要那里的气候适合你，并且有充足的食物。可事实并非如此，不知为什么我们的朱雀要一直飞到印度，而西伯利亚的燕隼却要飞越印度和几十个适宜越冬的炎热国家，直至澳大利亚。

这就表明驱使我们的候鸟飞越崇山峻岭、飞越浩渺海洋而去往遥远国度的，并非简单地是由于饥饿和寒冷，而是鸟类身上不知来自何处的某种不容违忤、无法抑制的感情。不过……

众所周知，国内[①]大部分地区在远古时代不止一次

---

① 国内：指当时的苏联境内。

遭遇过冰川的侵袭。死神般的冰川以汹涌澎湃之势徐徐覆盖了广袤的平原，经历数百年的徐徐退缩后又卷土重来，再将所有生命都埋葬在自己身下。

鸟类凭一双翅膀幸免于难。首先飞离的那些鸟类占据了冰川最边缘的海岸，随后启程的飞往较远的地方，再往后的一批飞往更远的地方，仿佛在做着跳背游戏似的。当冰川开始退缩时，被逼离自己生息之地的鸟类便急忙返程，飞回故乡。最先飞回的是当初飞往冰川最边缘或不远处的那些鸟类，然后是飞往较远处的那些，最后是飞得最远的那些：跳背游戏按相反的顺序进行。这个游戏进程极其缓慢，要经历数千年的时间！在如此漫长的时间间隔之中，鸟类完全有可能形成一种习性：秋季，当寒流降临之时，飞离自己的生息之地；待到来年春回之时，与阳光一起重返故乡。这样的习性一旦形成，便如常言所谓，“刻骨铭心”，永远保留下来了。所以，候鸟每年要自北而南迁徙。下面的事实似乎足以证明上述观点：在地球上未曾被冰川覆盖过的地方，几乎没有鸟类大规模迁徙的现象。

其他原因

然而鸟类在秋季并非只飞往南方的温暖之乡，还会飞往其他各个方向，甚至飞往最寒冷的北方。

有些鸟类飞离我们这里，仅仅是因为当大地被深厚的积雪覆盖，水面被坚冰封冻的时候，它们没有东西吃。一旦积雪消融，大地初露，我们的白嘴鸦、椋鸟、云雀便应时而至了！一旦江河湖泊初现融冰的水面，鸥鸟、野鸭也应时而至了。绒鸭无论如何不会留在坎达拉克沙自然保护区，因为白海在冬季被厚厚的冰覆盖了。它们常常被迫往北方迁移，因为那里有墨西哥湾暖流经过，整个冬季海水不封冻。

假如你在仲冬时节乘车从莫斯科向南旅行，那你很快——那已经是在乌克兰境内了——会见到白嘴鸦、云雀和椋鸟。与被认为是在我们这儿定居的那些鸟儿——山雀、红腹灰雀、黄雀相比，这些鸟儿只不过稍稍往远处挪了挪地方。因为许多定居的鸟类也不是老待在一个地方，而是会迁移的。除非是城里的麻雀、寒鸦和鸽子，或森林和田野里的野鸡，长年在一个地方居住，其余的鸟类都是有的往近处移栖，有的往稍远的地方移栖。那么如何判断哪一种鸟是真正的候鸟，哪一种只不过是移栖的鸟呢？

就说朱雀这种红色的鸟吧，它就不是移栖鸟，还有黄莺也一样。朱雀飞往印度，黄莺则飞往非洲过冬。似乎它们并非如大多数鸟类那样，是由于冰川的推进和退缩成为候鸟的，而是另有原因。

请你看看朱雀，看看它的雄鸟，就像一只麻雀，但是脑袋和胸脯是那么红艳，简直叫你惊叹！还有更令人惊诧的，那就是黄莺，它身体金黄，长着一对黑翅膀。你不由得会想：这些小鸟儿怎么打扮得这么鲜艳靓丽！在我们北方这可不太寻常，它们该不会是来自遥远的热带国家的客人吧？

似乎极有可能就是这么回事！黄莺是典型的非洲

鸟类，朱雀则是印度鸟类。也许情况是这样的，这些种类的鸟曾出现了过剩的现象，它们的年青一代被迫为自己寻找能生活和生儿育女的新地方。于是它们开始向北方迁移，那里的鸟类住得不那么拥挤。夏季那里不冷，即使新生的赤裸的小鸟也不会挨冻。而等到天气寒冷、无以果腹的时候，它们可以迁徙到故乡，这时候故乡的雏鸟也已孵出来了，大家和睦融洽地一起生活——它们不会驱逐自己的同族！到了春天，它们又往北方飞迁。就这样来来往往，经历了千秋万代……

就这样迁徙的路线成形了：黄莺向北，越过地中海飞向欧洲；朱雀自印度向北，越过阿尔泰山和西伯利亚，然后向西，越过乌拉尔山继续西迁。

关于某些鸟类为了找到新的栖息地而形成迁徙习性的观点也有例证。就拿朱雀来说吧，可以说在最近几十年内，我们眼睁睁地看着它们越来越远地向西迁徙，直至波罗的海沿岸，最后却依然飞回自己的故乡印度越冬。有关候鸟迁徙成因的这些假设向我们做出了某种解说，然而有关候鸟迁徙的问题依旧是一个未解之谜。

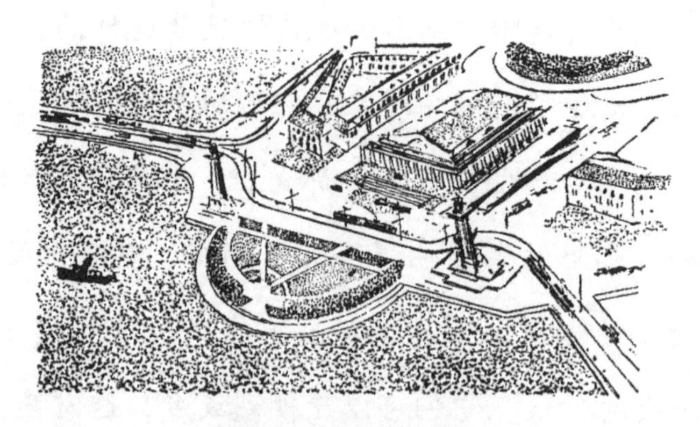

都市新闻

动物园里的消息

兽类和禽类从夏季的露天场所迁到了越冬的住所。它们的笼子被暖气烘得暖暖的，所以任何一头野兽都没有打算进入长久的冬眠状态。

园子里的鸟没有离开鸟笼飞往任何地方，而是在一天之内从寒冷的国度骤然进入了热带王国。

鳗鱼踏上最后的旅程

大地已是一片秋色。很快，水下也进入了秋天，水正在一点点变冷。

老鳗鱼离开这里，踏上了最后的旅程。

它们从涅瓦河出发，经过芬兰湾、波罗的海和北海，进入深深的大西洋。

它们再也不会回到这条度过了一生的河里，而是将在几千米的大洋深处找到自己的坟墓。

不过，在死去之前，它们会完成生命中的最后一项使命：产卵。大洋深处并不如我们想象的那么寒冷，那里的温度是7摄氏度。每一颗卵都在那里孵化成了像玻璃一样透明的小鳗鱼。亿万条小鳗鱼将踏上遥远的征途。3年之后，它们才能来到涅瓦河口。

它们将在这里成长，变成大鳗鱼。

森林报

第九期

冬季客至月

（秋三月）

11月21日到12月20日

太阳进入人马宫

目录

一年——分12个月谱写的太阳诗章

11月——通往冬季的半途。11月是9月的孙子，10月的儿子，12月的亲兄弟：11月是带着钉子来的，12月是带着桥梁来的。11月骑着花斑马出门，一会儿遇到雪花纷飞，一会儿遇到雨水泥泞；一会儿雨水泥泞，一会儿又是雪花纷飞。11月这家铁匠铺子虽然不大，但里面却在铸造封闭全俄罗斯的枷锁：水塘和湖泊表面已经结冰了。

现在秋季正在完成它的三项伟业：先给森林脱去衣装，给水面套上枷锁，再给大地罩上白雪的盖布。森林里不再舒适：挺立的林木在遭受秋雨无情的鞭打以后，被脱光了衣衫，浑身发黑。河面的封冰寒光闪闪，但是如果你探步走到上面，脚下便发出清脆的碎裂声，你会坠入冰冷的水中。撒满积雪的大地上，一切秋播作物都停止了生长。

然而这些都还只是冬季的前兆。偶尔还会有阳光灿烂的日子。嘿，你看，万物见到阳光是多么高兴！你看，从树根下爬出了黑色的小蚊子和小苍蝇，飞到了空中。脚边会绽放出金黄色花朵的蒲公英和款冬——那可是春季的花朵啊！积雪融化了……然而树木却已沉沉地入睡，凝滞不动，直至春天，才会醒来。

现在，采伐木材的时节到了。

林间纪事

北方来客

这是我们冬季的来客——来自遥远北方的小小的鸟儿。这里有小巧的红胸红头的白腰朱顶雀；有烟蓝色的凤头太平鸟，它的翅膀上长着五根像手指一样的红色羽毛；有深红色的蜂虎鸟；有交嘴雀——雌鸟是绿的，雄鸟是红的；这里还有金绿色的黄雀；黄羽毛的红额金翅雀；胖嘟嘟、胸脯鲜红丰满的红腹灰雀。我们这儿的黄雀、红额金翅雀和红腹灰雀已经飞往较为温暖的南方。而现在飞来的这些鸟都是在北方筑巢安家的，现在那里是寒冷的冰雪世界。在它们看来，我们这里已是温暖之乡了。

黄雀和白腰朱顶雀开始以赤杨树和白桦树的种子为食。凤头太平鸟、红腹灰雀则以花楸树和其他树木的浆果为食。红喙的交嘴雀啄食松树和云杉树的球果。瞧，大家都吃得饱饱的。

东方来客

低矮的柳树上,突然开满了美丽的“白色玫瑰花”!“白色玫瑰花”在树丛间飞来飞去，在枝头转来转去，用黑色的细长爪子爬遍了各处。像花瓣似的白色羽翼在熠熠闪动，轻盈悦耳的歌喉在空中啼啭。

这是白色的山雀。它们并非来自北方，它们经过乌拉尔山区，从东方，从那暴风雪肆虐、严寒彻骨的西伯利亚辗转来到我们这里。那里早已是寒冬腊月，厚厚的积雪盖满了低矮的杞柳。

追逐松鼠的貂

许多松鼠游荡到了我们的森林里。

在它们曾经生活过的北方，松果已不够它们吃了，因为那里今年歉收。

它们散居在松树上，用后爪抱住树枝，前爪捧着松果啃食。

有一只松鼠前爪捧着的松果一不小心掉到地上，陷进了雪中。松鼠舍不得就此放弃松果，气急败坏地吱吱叫着，从一根树枝跳到另一根树枝，一截截地往下跳。

它在地上一蹦一跳，一蹦一跳，后腿一蹬，前腿一托，就这样蹦跳着去找松果。

这时，它看见在一堆枯枝上冒出了个毛茸茸的黑色身躯，还有一双锐利的眼睛。松鼠一下子把松果忘到了九霄云外，嗖的一下纵身跃上了跟前的一棵树。这时一只紫貂从枯枝堆里蹿了出来，尾随着松鼠追了上去。紫貂迅速爬上了树干。松鼠已经跑到了树枝的尽头。

貂沿树枝爬上去，松鼠纵身一跃，已跳上了另一棵树。

貂把自己细长的身子缩成一团，背部弯成了弓形，也纵身一跳。

松鼠沿着树干飞奔，貂在后面穷追不舍。松鼠很灵巧，可貂更灵巧。

松鼠跑到了树顶，没有更高的地方可跑了，而且旁边没有别的树。

貂正在步步逼近……

松鼠从一根树枝向下跳到另一根树枝，貂尾随在它的后面。

松鼠在树梢蹦跳，貂在较粗的树干上跑。松鼠跳呀，跳呀，跳呀，跳——已经跳到了最后一根树枝上。

向下是地面，向上是紫貂。

它别无选择：只能跳到地上，再爬上别的树。

但是在地上，松鼠可不是貂的对手。貂只跳了两三下就将它追上，把它扑倒在地，于是松鼠一命呜呼了……

兔子的花招

夜里，一只灰兔闯进了果园。凌晨时它已啃坏了两棵年幼的苹果树，因为小苹果树的树皮是很甜的。雪花落到它的头上，它也毫不在乎，依然不停地一面啃一面嚼。

村里的公鸡已经叫了一遍、两遍、三遍。这时，兔子忽然想到：得趁人们还没有起床，跑回森林去。四周是白茫茫的一片，它那棕红色的皮毛从远处看上去一目了然。它真羡慕雪兔呀，现在那家伙浑身雪白。

夜间新降的雪很松软，容易留下脚印。兔子跑过的雪地上留下了清晰的脚印：长长的后腿留下的脚印是拉长的，一头大一头小；短短的前腿留下的是一个个圆点。所以在蓬松的积雪上，每一个爪印、每一处抓痕都清晰可见。

灰兔经过田野，跑过树林，身后留下了长长的一串脚印。现在灰兔真想跑到灌木丛边，在饱餐之后睡上一两个小时。可糟糕的是它留下了足迹。

灰兔耍起了花招：它开始搅乱自己的足迹。

村里人已经醒来。主人走进果园一看——天哪！两棵最好的苹果树被啃坏了！他往雪地里一瞧，什么都明白了：树下留有兔子的脚印。他伸出拳头威胁说："你等着！你损坏的东西要用自己的皮毛来还。"

主人回到农舍，给猎枪装上弹药，就带着它走进了雪地。

就在这儿，兔子跳过篱笆往田野上跑了。在森林里，脚印开始沿着一丛丛灌木绕圈儿。这也救不了你，我们会把圈套解开。

这儿就是第一个圈套：兔子绕着灌木丛转了一圈，把自己的足迹切断了。

这儿是第二个圈套。

主人顺着后脚的脚印追踪着它，两个圈套都被他解开了，手中的猎枪随时待命。

慢着，这是怎么回事？足迹到此中断了，四周的地面上干干净净，了无痕迹。如果兔子跳了过去，应该看得出来。

主人向脚印俯下身去。嘿嘿！又来了新的花招：兔子向后转了个身，踩着自己的脚印往回走了。爪子踩在原来的脚印里，你一下子识别不出脚印被踩了两遍，这是双重足迹。

主人就循迹往回走，走着走着，他又到了田野里。那就是说刚才看走了眼，它肯定还耍了什么花招。

他回去又顺着双重足迹走。啊哈，原来是这样：双重足迹很快就到了头，接下去又是单程的脚印。这就意味着你得在这儿寻找它跳往旁边的痕迹。

好了，这不就是嘛：兔子纵身一跃，越过了灌木丛，于是就跳到了一旁。又是一串均匀的脚印，又中断了，又是越过灌木丛的新的双重足迹，接着就是一跳一跳地向前跑的脚印。

现在得分外留神……还有一处向旁边跳跃的脚印。在这儿，兔子肯定正躺在某一丛灌木下。你尽管耍花招吧，这可骗不了我！

兔子确实就躺在附近，只是并未躺在猎人所认为的灌木丛下面，而是藏在一大堆枯枝下面。

它在睡梦中听到了沙沙的脚步声。走近了，更近了……

兔子抬起了头——有人在枯枝堆上行走。黑色的枪管垂向地面。兔子悄悄地爬出了洞穴，猛地一下蹿到了枯枝堆的外面。白色的短尾巴在灌木丛间一闪而过——然后就逃没影儿啦。

一无所获的园主人只好悻悻地回家去了。

去问熊吧

为了躲避凛冽的寒风，熊喜欢地势低的地方，甚至会在沼泽地，在茂密的云杉林里，为自己安顿一个冬季的栖身之地——熊洞。但蹊跷的是：如果冬季不太冷，会出现融雪天气，那么所有的熊必定睡到地势高的地方，在小山岗上，或在开阔的高地。这一点经受了许多代猎人的检验。

这好理解，因为熊害怕融雪天气。确实是这样，如果在熊冬眠时，积雪融化成水，浸湿了它的皮毛，当严寒骤降，水结成冰，就会把熊那蓬松的皮毛变成一块铁板，那可怎么办？这时就顾不上雪了，得一跃而起，满林子游荡去，无论如何得让身子暖和过来！

可如果不睡觉，东游西荡，就要消耗自己储存的体力，这就意味着得吃东西来补充体力。但是冬天熊在森林里找不到可吃的东西。所以它一旦预感到会有暖冬出现，就会选择在高处筑洞，那样即使在解冻天气，它身上也不会浸湿。这一点我们可以理解。

然而它究竟是凭借什么预感到当年会出现暖冬还是寒冬的呢？为什么还在秋天的时候，它就能正确无误地为自己选择筑洞的地点，或在沼泽，或在山岗？这一点我们不得而知。

想知道的话，不妨爬到熊洞里，去问问熊吧。

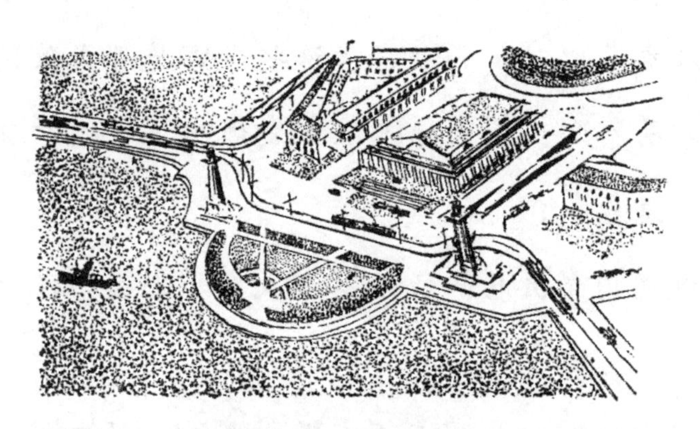

都市新闻

瓦西里耶夫斯基岛的乌鸦和寒鸦

涅瓦河结冰了。现在每天下午4点，都有瓦西里耶夫斯基岛的乌鸦和寒鸦飞来,降落到施密特中尉桥(8号大街对面)下游的冰上。

经过一番吵吵闹闹的争执后，这些鸟儿分成了几群，然后飞往瓦西里岛上的各家花园里过夜。每一群都住在自己最中意的花园里。

侦察员

城市花园和公墓的灌木与乔木需要保护。它们遇到了人类难以对付的敌害，这些敌害是那么狡猾、微小和不易察觉，连园林工人都发现不了。这时就需要专门的侦察员了。

这些侦察员的队伍可以在我们的公墓和大花园里见到。

它们的首领是穿着花衣服、帽子上有红帽圈的啄木鸟。它的喙就像长矛一样，它用喙啄穿树皮。它断断续续地大声发号施令：基克！基克！

接着，各种各样的山雀就闻声飞来，有戴着尖顶帽的凤头山雀；有褐头山雀，它的样子像一枚帽头很粗的钉子；有黑不溜秋的煤山雀。这支队伍里还有穿棕色外套的旋木雀，它的嘴像把小锥子；还有穿蓝色制服的鳾，它的胸脯是白色的，嘴尖尖的，像把小匕首。

啄木鸟发出了命令：基克！鳾重复着它的命令：特甫奇！山雀们做出了回应：采克，采克，采克！于是整支队伍开始行动。

侦察员们迅速占领了各棵树的树干和树枝。啄木鸟啄穿树皮，用针一般又尖又硬的舌头从中捉出小蠹虫。鳾则头朝下围着树干打转，把它细细的“小匕首”

伸进树皮上的每一个小孔，从中缉拿昆虫或幼虫。旋木雀自下而上沿树干奔跑，用自己的弯锥子挑出这些虫子。一大群兴致高昂的山雀在枝头辗转飞翔。它们察看每一个小孔、每一条小缝，任何一条小小的害虫都逃不过它们敏锐的眼睛和灵巧的嘴巴。

既是食槽又是陷阱的小屋

饥寒交迫的时节到了，请为我们了不起的小朋友——鸣禽多多着想。

如果你居住的房子有附属的花园或者用篱笆围住的屋前小花园，那你很容易把鸟儿吸引到自己身边：在没有食物的季节喂养它们，在严寒和风暴天气给它们庇护，事先放置可居住的小平台让它们当窝。假如你想从这些出色的歌手中引诱一两只到自己的房间里，你立马可以将它们逮住。为了实现这一切，你需要一间小屋。

在你小屋围廊上的免费食堂里，放上蓖麻子、大麦、小米、面包屑和肉末、没腌过的肥肉、奶酪、葵花子，款待来客。即使你在大城市居住，也会有最有趣的小客人聚拢来享用你款待的美食，还会住到你的家里。

你可以从小围廊上的活动小门到你的窗户之间拉一根铁丝或绳子，需要的时候，就把小门关上。

不过，你最好别在夏天捕捉自己的小房客，否则就会把那些嗷嗷待哺的小鸟儿饿死。

·森·林·报·

冬

森　林　报

第十期

小道初白月

（冬一月）

12 月 21 日到 1 月 20 日　　太阳进入摩羯宫

目录

一年——分12个月谱写的太阳诗章

12月——天寒地冻的时节。12月为严冬铺路，12月把严冬牢牢钉住，12月把严冬别在身上。12月是一年的终结，是严冬的起始。

河水停止了流淌，即使汹涌的河流也被坚冰封冻了。大地和森林都已银装素裹。太阳躲到了乌云背后。白昼越来越短，黑夜正在慢慢变长。

皑皑白雪之下埋葬着多少死去的生灵！一年生的植物如期地成长、开花、结果，然后它们化为尘埃，复归自己赖以生长的土地。一年生的动物——许多小型的无脊椎动物也如期化为了尘埃。

然而植物留下了种子，动物产下了卵。太阳仿佛普希金童话[1]中的漂亮王子，如期用自己的亲吻唤醒它们的生命，重新从土壤里创造出鲜活的躯体。而多年

① 普希金童话：这里指普希金的童话《死公主和七勇士的故事》。美丽的公主遭后母新皇后的嫉妒，误食巫婆的毒苹果而身亡，被七勇士葬在山洞里的水晶棺中，她的未婚夫王子叶里赛历尽千辛万苦找到了她，将她救活了。

生的动植物则善于在北国整个漫长的冬季维持自己的生命，直至新春伊始。要知道严冬还未开足马力，太阳的生日——12 月 23 日——已为期不远了！

太阳将会重返人间。生命也将跟随着太阳重生。

然而总得先熬过漫漫严冬。

冬季是一本书

一层皑皑白雪铺满了整片大地。田野和林间空地现在就如同一册巨大书本中的内页，平整而洁净。

无论谁在上面经过，都会写上："某人到此一游。"

白天雪花纷纷扬扬。下完雪以后，书页又变得洁白如新了。清晨你走来一看：洁白的书页上印满了许多神秘的符号、线条和各种各样的图案。这表明夜里有许多林中的居民到过此地，走过、跳过，或者还做过些别的什么。是谁来过这里？做了什么？

应当赶快弄清这些难解的符号，解读神秘的文字。不然再下一场雪，地上便仿佛又有人将书翻过了一页——眼前只剩下一张洁净、平整的白色纸页了。

它们怎么读？

在冬季这本大书里，每一位林中居民都用自己特有的笔迹和符号书写了内容。人们正在学习用眼睛辨认这些符号——如果不用眼睛读，还能用什么读呢？

但是动物却想到了用鼻子阅读。比如，狗就常用嗅觉来解读冬天这本书里的符号："狼来过这里"，或者"兔子刚刚从这儿跑过"。

动物的鼻子学问大得很，它们是不会出错的。

它们各用什么书写?

大部分野兽是用爪子写。有的用整个脚掌写，有的用4个脚趾写，有的用蹄子写，也有用尾巴、用喙、用肚子写的。

鸟类用爪子和尾巴写，但也有用翅膀写的。

简单的书写和书写时耍的花招

我们的记者学会了怎样从冬季这本书里读出林中发生的各种故事。他们掌握这门学问可不是一件轻而易举的事，原来并非每一位林中的居民留下的都是简单的笔迹，有的在书写时是耍了花招的。

松鼠的笔迹非常容易辨认。它在雪地上跳跃的动作就如同我们做跳背游戏——以短短的前腿作为支撑，长长的后腿远远地向前跨越，分得很开。前爪留下的脚印小小的，彼此并排。后爪留下的脚印长长的，彼此分开，仿佛一只五指摊开的小手留下的印记。

老鼠的笔迹虽然很小，但是清晰易辨。老鼠从雪地里爬出来时往往先兜一个圈子，然后才径直跑向要去的地方或回到自己的洞穴，所以它们会在雪地里留下两行长长的冒号，而且两个冒号之间的距离是相等的。

鸟类的笔迹——就拿喜鹊来说吧——也容易辨认：它的脚上有 4 个脚趾，前面 3 个脚趾印在雪地上的是十字形，后面第 4 个脚趾印下的是破折号（笔直的一条短线）。十字形的两边是翅膀上的羽毛打下的印记，像手指印一样，而且一定有一个地方有它长长的梯形尾巴擦过的痕迹。

这些痕迹都没有耍过花招。一看便知：松鼠就在这儿下了树，在雪地里跳了一段路，又跳回到树上了；老鼠从雪地里跳了出来，跑了一阵，转了几个圈儿，又钻进雪地里了；喜鹊停在雪地里，笃、笃、笃，啄着雪面上硬硬的冰壳，尾巴在雪上拖着，用翅膀扑打着雪地，然后飞走了。

但是辨认狐狸和狼的笔迹就没那么简单了。由于不常见，你准会被搞得一头雾水。

小狗和狐狸，大狗和狼

狐狸的脚印和小狗的脚印相似，区别在于狐狸把爪子缩成一团，脚趾紧紧拢在一起。

狗的脚趾是张开的，所以它的脚印比较松散和柔软。

狼的脚印像大狗的脚印。区别也相同：狼的脚趾从两边向里并拢，所以它留下的脚印比狗的脚印长，也更匀称；狼的脚爪和掌心的肉垫留的印痕也比狗的更深。狼的前爪脚印与后爪脚印之间的距离比狗的大，且前爪留下的印痕常合并在一起。狗脚爪的肉垫留下的印痕是相连的，而狼不是。（看图，从上到下依次是狐狸、狗和狼的脚印。）

这是基础知识。

阅读狼的脚印特别费神，因为狼喜欢故布迷阵，使自己的脚印显得混乱。狐狸也一样。

狼的花招

狼在行走或小步快跑时右后脚会精准地踏在左前脚的脚印里，而左后脚则踏在右前脚的脚印里。因此，它的脚印像沿着一根绳子一样，笔直延伸，呈一条直线。

你望着这样的一行脚印，就会解读为："有一匹身形高大的狼从这儿过去了。"

你要是这样想，那就大错特错了！正确的解读应当是："有5匹狼从这里走过了。"走在前面的是匹聪明的母狼，它的后面跟着一匹老狼，老狼后面还跟着3匹年幼的小狼。

它们是一步一步地踩着母狼的脚印走的，而且走得那么齐整，你绝对想不到这会是5只野兽的足迹。要成为白色小道（猎人如此称呼雪地上的足迹）上一名出色的足迹识别者，得练就非常好的眼力。

狐狸

林间纪事

下面是本报驻林地记者在白色小道上读到的几则故事。

冒冒失失的小狐狸

小狐狸在林间空地看见了老鼠留下的一行行小字。

它想：啊哈，这下有的吃了！

它并没有用鼻子好好地阅读一番，看是谁来过这儿。它只看了一眼就轻易作出了结论：看，足迹通到了那里——一丛灌木旁。

它悄悄地向灌木丛逼近。它看见雪里面有一个灰色皮毛、拖着尾巴的小东西在动。嚓——小狐狸一口把它咬住了！牙齿间发出了咯吱的响声。

呸！这么难闻的臭东西！它把小兽一口吐掉，赶紧跑到一边吞了几口雪，但愿雪能把嘴巴清洗干净。

好难闻的气味！

就这样，它没能吃上早餐，倒是白白地咬死了一只小兽。

那只小兽不是老鼠，也不是田鼠，而是鼩鼱。

它只是远看时像老鼠，近看时马上就能分清楚：鼩鼱的脸部鼻子前伸，背部弓起。它以虫子为食，和鼹鼠、刺猬是近亲。但凡有经验的野兽都不会碰它，因为它浑身有一股刺鼻的气味：麝香味。

可怕的爪印

本报驻林地记者在树下发现了一串很长的爪印，这把他们吓了一大跳。爪印本身倒并不大，和狐狸的脚印差不多，但是那些爪痕又长又直，像钉子一样。如果肚子上被这样的爪子抓一下，保管肠子都会被掏出来。

他们小心翼翼地顺着这行爪印走去，来到一个大洞边，这里的雪面上散落着兽毛。他们仔细察看了兽

毛——直直的，相当硬，但不脆，白色，末端是黑的。毛笔就是用这样的毛制作的。

他们马上就明白了：洞里住的是獾，是一只心情忧郁的野兽，但不怎么可怕。看来，趁着融雪天气，它出洞散步去了。

白雪覆盖的鸟群

一只兔子在沼泽地上蹦蹦跳跳的，它从一个个草墩上跳过去，突然砰的一声——它从草墩上滑落下来，跌进了齐耳深的雪地里。

这时，兔子感觉到雪下面有活物在动弹。随着翅膀振动的声音，刹那间，在它周围，从雪下面飞出一群柳雷鸟。兔子吓得要命，马上跑回了林子。

原来是一群生活在沼泽地的雪下面的柳雷鸟。白天它们飞到外面，在雪地里走动，用喙挖掘觅食。吃饱以后，它们又钻进了雪地里。

它们在那里既暖和又安全。谁会想到它们竟然藏在雪下面呢？

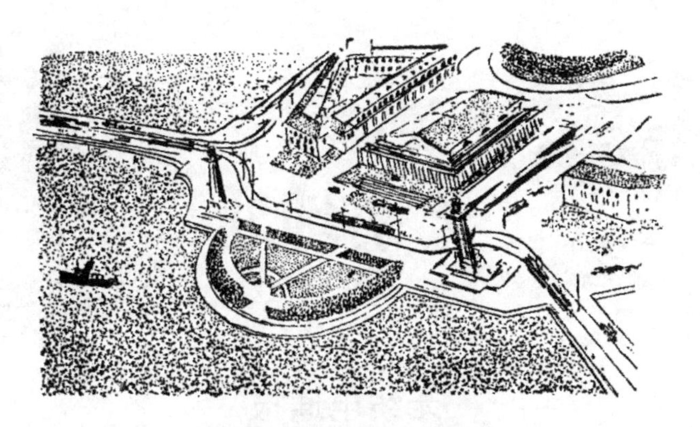

都市新闻

赤脚在雪地上爬

在晴朗的日子里，当温度计的水银柱升到接近0摄氏度时，在花园里、林荫道上和公园里，从雪下爬出了一些没有翅膀的苍蝇。

它们成天在雪上游荡，傍晚时又躲进了冰雪的缝隙里。

它们生活在树叶下和苔藓中僻静而温暖的角落。

雪地里没有留下它们游荡的足迹。这些游荡者的身体又轻又小，只有在高倍放大镜下才能看清它们突出的长嘴巴、从额头直接长出的奇怪的触角和纤细赤裸的腿脚。

天南地北

无线电通报
请注意！请注意！

这里是列宁格勒广播电台——《森林报》编辑部。

今天是12月22日，冬至，我们为大家播送今年最后一次广播——来自各地的无线电通报。

我们呼叫苔原、草原、原始森林、沙漠、高山和海洋地区。请告诉我们，在这隆冬季节，一年中白昼最短、黑夜最长的日子里，你们那里发生了什么？

请收听！请收听！
北冰洋极北群岛广播电台

我们这儿正值最漫长的黑夜。太阳已离开我们落到了大洋后面，直至开春前再也不会露脸。

大洋被冰层所覆盖。在我们大小岛屿的苔原上到处是冰天雪地。

冬季，还有哪些动物留在我们这儿呢？在大洋的冰层下面生活着海豹。它们趁着冰还比较薄的时候，在上面设置通气口和出入口，并用嘴将通气口上结的薄冰撞开，努力保持通畅。海豹到这些洞口呼吸新鲜空气，有时也爬到冰上，在上面休息、睡觉。

这时，一头雄性北极熊正偷偷地向它们逼近。它不冬眠，不像雌性北极熊那样在整个冬季躲进冰窟窿睡大觉。

苔原的雪下面生活着短尾巴的旅鼠，它们为自己筑了许多通道，啃食埋藏在雪里的野草。雪白的北极狐在这里用鼻子寻找它们，把它们挖出来充饥。还有一种北极狐捕食的野味：苔原的柳雷鸟。当它们钻进雪里睡觉时，嗅觉灵敏的狐狸就会毫不费力地偷偷逼近，将它们捕获。

冬季我们这儿没有别的野兽和鸟类。驯鹿在冬季来临之前就千方百计地从岛上离开，沿冰原迁往原始森林了。

如果一直是黑夜，不见太阳，我们怎么看得见东西呢?

其实即使没有太阳，我们这儿也经常是亮堂堂的。首先，月亮会按时升上夜空，照亮大地；其次，明亮的极光也会经常现身。

神奇的极光不断地变幻着色彩，有时像一条飞舞的彩带展现在北极上空；有时像瀑布一样飞流直泻；有时像一根根柱子或一把把利剑直冲霄汉。而它的下面是纯洁的白雪，在极光的照耀下光芒四射、熠熠生辉。这时的北极就会变得和白昼一样明亮。

冷吗?当然，冷得彻骨。除了刮大风，还有暴风雪——那暴风雪真叫厉害，我们已经一个星期连鼻子都不敢伸到盖满白雪的屋子外面去了。不过什么都吓不倒我们。我们一年年地向北冰洋进军，越来越深入它的腹地。勇敢的北极探险队早就开始研究北极了。

顿河草原广播电台

我们这儿也将下雪了。可我们无所谓——我们这儿冬季不长，也不怎么冷，甚至连河流也不会全部封冻。

野鸭从湖泊迁徙到这里，不想再往南飞了。从北方飞来我们这里的白嘴鸦逗留在小镇上和城市里，在这里，它们有足够的食物。它们将住到3月中旬，到那时再飞回故乡。

在我们这儿越冬的还有远方苔原的来客：雪鹀、角百灵、个头很大的北极雪鸮。雪鸮在白天捕猎，否则它夏季在苔原怎么生活呢？那时可整天都是白昼啊。冬季，在白雪覆盖的空旷草原上，人们无事可做。不过在地下，人们可是正忙得热火朝天：在深深的矿井里我们用机器铲煤，用电力升降机把煤炭送上地面，再用蒸汽火车把它们运送到全国各地，送往各种工厂。

新西伯利亚原始森林广播电台

原始森林的积雪越来越深。猎人们踩着滑雪板，合伙前往原始森林，身后拖着装有食物和生活必需品的轻便雪橇。许多猎狗跑在他们前头，竖着尖尖的耳朵，有一条狗拥有面包圈形状的毛茸茸的卷尾巴，这是莱卡犬。

原始森林里有许多浅灰色的松鼠、珍贵的紫貂、皮毛丰厚的猞猁、雪兔、硕大的驼鹿、棕红色的鼬——黄鼠狼（用它的毛可以做画笔），还有白鼬（旧时用它的毛皮缝制沙皇的皇袍，如今则用来给孩子做帽子）。有许多棕色的赤狐和黑褐色狐，还有许多可口的花尾榛鸡和松鸡。

熊早已在自己隐秘的洞穴里呼呼大睡。

猎人们在森林里一待就是好几个月，在那里的过冬用的小窝棚里过夜，整个短暂的白昼都忙着捕捉各种野兽和野禽。这段时间，他们的莱卡犬在林子里东奔西跑地搜寻，用鼻子、眼睛、耳朵找出松鸡、松鼠、黄鼠狼、驼鹿，以及那些睡得正香的狗熊。

猎人们回家的时候，身后的轻便雪橇上满载着沉甸甸的猎物。

卡拉库姆沙漠广播电台

春季和秋季，沙漠里并不荒凉，那里到处生机盎然。

而夏季和冬季，那里却死气沉沉。夏天没有食物，只有酷暑；冬季也没有食物，只有严寒。冬季，野兽和鸟类跑的跑，飞的飞，都逃离了这可怕的地方。南方灿烂的太阳徒然照耀着这无边无际、白雪覆盖的瀚海；那里什么飞禽也没有，也没有走兽为朗朗晴日而欢欣鼓舞。纵然太阳会晒热积雪，下面也只是毫无生命的黄沙。乌龟、蜥蜴、蛇、昆虫，甚至恒温动物——老鼠、黄鼠、跳鼠等，都深深地钻进了沙里，冻僵了，冬眠了。

狂风在原野上肆意横行，不可阻挡：冬季，它是沙漠的主宰。

但是这种情形不会永远持续下去。人类正在征服沙漠：开河筑渠、植树造林。未来无论夏季还是冬季，沙漠都充满了生机。

高加索山区广播电台

在我们这儿，夏季既有夏天也有冬天，而冬季也同样既有冬天也有夏天。

即使在夏季，在像我们的卡兹别克山和厄尔布鲁士山这样傲然耸入云端的高山上，炎热的阳光也照不暖山顶的冰雪。同样，即使冬季的严寒也征服不了层峦叠嶂保护下的鲜花盛开的谷地和海滨。

冬季将岩羚羊、野山羊和野绵羊逐下了山巅，却无法再将它们往下驱赶了。冬季开始把白雪撒上山岭，而在下面的谷地里，它却降下了温暖的雨水。

我们刚刚在果园里采摘了橘子、橙子、柠檬，交给了国家。我们果园里的玫瑰还在开花，蜜蜂还在嗡嗡飞舞，而在向阳的山坡上正盛开着春季的首批鲜花——有着绿色花蕊的白色雪莲花和黄色的蒲公英。我们这儿鲜花终年盛开，母鸡终年下蛋。

在冬季的寒冷和饥饿降临时，我们的野兽和鸟类不必从它们夏季生活的地方远远地奔逃或飞离，它们只要下到半山腰或山脚下、谷地里，就能为自己找到食物和温暖的住所。

我们的高加索收留了多少为躲避暴戾的北方严寒而流浪到这儿的避难者啊！在这里，它们获得了美食和温暖，过上了可以满足温饱的生活！来客中有苍头燕雀、椋鸟、云雀、野鸭和长嘴的丘鹬。

但愿今天是冬季的转折点，但愿今天的白昼是最短的白昼，今天的黑夜是全年最长的黑夜，而明天就是阳光明媚、繁星满天的新年。在我国的北冰洋上，我们的伙伴无法走出家门，因为那里暴风雪肆虐，如此寒冷。

而在我国的另一端，我们出门不用穿大衣，只穿一层薄衣裳就觉得很暖和了。我们欣赏着高耸入云的山峰。明净的天空中，一弯纤细的新月正俯瞰着群山。在我们的脚边，宁静的大海荡漾着微波。

黑海广播电台

今天，黑海的波浪轻轻地拍打着海岸。岸滩上，在海浪轻柔的冲击下，卵石懒洋洋地唱着催眠曲。幽暗的水面上映照出一弯细细的新月。

暴风雨来临时，我们的大海便躁动不安起来。它掀起峰巅泛白的浪涛，狂暴地砸向山崖，带着咝咝的絮语和隆隆的巨响从远处向着岸边飞驰，那是秋季的情景。而在冬季，我们就极少受到狂风的侵扰了。

黑海没有真正的冬季。除了海水会稍稍降温，再就是北部沿岸的海面会结一点儿冰。我们的大海通年荡漾着波浪，欢乐的海豚在那里戏水，鸬鹚在水中出没，海鸥在海面上飞翔。海面上巨大而漂亮的内燃机轮船和蒸汽机轮船来来往往，摩托快艇破浪前进，轻盈的帆船飞速行驶。

来这儿过冬的有潜鸟、各种潜鸭和胖鹈鹕。

列宁格勒广播电台——《森林报》编辑部

你们看，在我国有丰富多彩、各不相同的冬季、秋季、夏季和春季。而这一切都属于我们，这一切共同构成了我们伟大的祖国。

挑选一个你心中喜欢的地方吧。无论你到什么地方，无论你在哪里定居，都有美景在向你招手，有事情等待你去完成：研究、发现新的美景和新资源，建设更美好的新生活。

这是我们一年中的第四次，也是最后一次广播——来自全国各地的无线电播报就到此结束了。

森林报

第十一期

忍饥挨饿月

（冬二月）

1月21日到2月20日

太阳进入宝瓶宫

目录

一年——分12个月谱写的太阳诗章

俗话说："1 月是向春季的转折，是一年的开端，冬季的中途。太阳向夏季转向，冬季向严寒行进。"

新年以后，白天如同正在跳跃的兔子——变长了。大地、水面和森林都盖上了皑皑白雪，周遭的万物似乎都陷入了永不苏醒的酣睡。

在艰难的时日，生灵非常善于披上"死亡"的伪装。野草、灌木和乔木都沉寂不动了，但沉寂并不等于死亡。

在寂静无声的白雪覆盖下，它们蕴藏着勃勃生机，蕴藏着生长、开花的强大力量。松树和云杉完好无损地保存着自己的种子，将它们紧紧地包裹在自己拳头状的球果里。

变温动物在隐藏起来之后都僵滞不动了。但是它们同样没有死亡，就连螟蛾这样柔弱的小生命也躲进了各自的藏身之所。

鸟类的体温很高，它们从来不冬眠。

许多动物，甚至包括小小的老鼠，整个冬季都在奔走忙碌。还有一件事真令人惊奇，在深厚积雪下的洞穴中冬眠的母熊，在1月的严寒里，居然还产下了一窝尚未睁开眼睛的小熊崽儿，而且用自己的乳汁喂养它们，直到春季来临——尽管自己整个冬季什么也不吃！

林间纪事

森林里冷啊，真冷！

凛冽的寒风在空旷的田野上游荡着，在光秃秃的白桦树和山杨之间急速地扫过森林。它钻进飞禽紧紧收拢的羽毛，渗入稠密的皮毛，使飞禽们的血液变得冰凉。

无论在地上还是树枝上，哪儿都无处栖身，到处都盖上了白雪，爪子已经冻僵了。应当跑呀，跳呀，飞呀，设法让身子暖和起来。

谁要是有温暖、舒适的洞穴和窝儿栖身，又有充足的食物储备，它一定十分惬意：把肚子吃得饱饱的，将身子蜷缩成一团，尽管呼呼大睡吧。

吃饱了就不怕冷

对于兽类和鸟类来说，最重要的就是先填饱肚子。饱餐一顿可以使体内发热，使血液变得温暖，沿各条血管把热量送到全身。皮下有脂肪，那是温暖的绒毛或羽毛外套里面极好的衬里。寒气可以透过绒毛，能钻进羽毛，可是任何严寒都穿不透皮下的脂肪。

如果有充足的食物，冬天就不可怕。可是在冬季里到哪儿去弄食物呢?

狼在森林里徘徊，狐狸在森林里游荡，可是森林里空空荡荡的，所有的兽类和鸟类躲藏的躲藏，飞走的飞走。渡鸦在白昼飞来飞去，雕鸮在黑夜里飞来飞去，都在寻觅猎物，可哪儿有猎物的影子!

在森林里饿啊，真饿!

小屋里的山雀

在忍饥挨饿月，每一头林中野兽，每一只鸟儿都向人的住处附近聚拢。这里比较容易找到食物——从垃圾堆里弄到一些吃的来充饥。

饥饿能压倒恐惧，使谨小慎微的林中居民不再惧怕人类。

黑琴鸡和山鹑钻进了打谷场、谷仓；兔子来到了菜园；白鼬和伶鼬在地窖里捉老鼠；雪兔经常到紧靠村边的草垛上啃食干草。在我们记者设于林中的小屋里，一只山雀勇敢地从敞开的大门飞了进来。这只黄色的鸟儿两颊呈白色，胸脯上有一条黑纹。它对人毫不理会，径自落在餐桌上，开始啄食面包屑。

主人关上了门，于是山雀成了俘虏。

它在小屋里住了整整一星期。我们倒没有碰它，但也没有喂它。不过它一天天地明显胖了起来。它一天到晚都

在屋子里找吃的：寻找蛐蛐、沉睡的苍蝇，捡拾食物碎屑，到夜里就钻进俄式炉子后面的缝隙里睡觉。

几天以后，它捉光了所有的苍蝇和蟑螂，就开始啄食面包，还用喙啄坏了书本、纸盒、塞子——凡是它看得见的都要啄。

主人只好把门打开，把这小小的不速之客逐出了小屋。

老鼠从森林出走

森林里，许多老鼠储备的食物已经不够吃了。同时也为了免遭白鼬、伶鼬、黄鼬和其他食肉动物的捕食，许多老鼠逃出了自己的洞穴。

可是大地和森林都被积雪覆盖着，没东西可以吃。整支忍饥挨饿的老鼠大军离开了森林。粮食仓库面临严重威胁，人们可得提高警惕了。

尾随鼠迹而来的是伶鼬。但要将所有老鼠消灭殆尽，它们的数量还远远不够。

请保护好粮食，免遭啮齿动物的祸害！

应变有术

深秋时节，一头熊替自己在一个长满小云杉树的小山坡上选中了一块地方做洞穴。它用爪子扒下一条条窄长的云杉树皮，垫在了山坡上的土坑里，上面再铺上柔软的苔藓。它把土坑周围的云杉从下部咬断，使它们倒下来在土坑上方形成一个小窝棚，然后爬到里面安然入睡了。

然而不到一个月，一条猎狗就发现了它的洞穴，它及时逃离了猎人的射杀。它索性直接在雪地里冬眠——在听得见外界动静的地方睡觉。但是即使在这里，猎人还是找到了它，它再一次侥幸逃脱了。于是它第三次躲藏起来，而且找了个谁也想不到的地方。

直到春天，人们才发现，高明的熊竟然睡在了高高的树上。这棵树曾被风暴折断过，它上部的枝杈就一直朝天空的方向生长，长成了一个坑形。夏天老鹰找来枯枝架到这儿，再铺上柔软的垫子，在这儿哺育了雏鸟后就飞走了。到了冬天，在自己的洞穴里受到惊吓的熊就想到了爬进这个空中的“坑”里藏身。

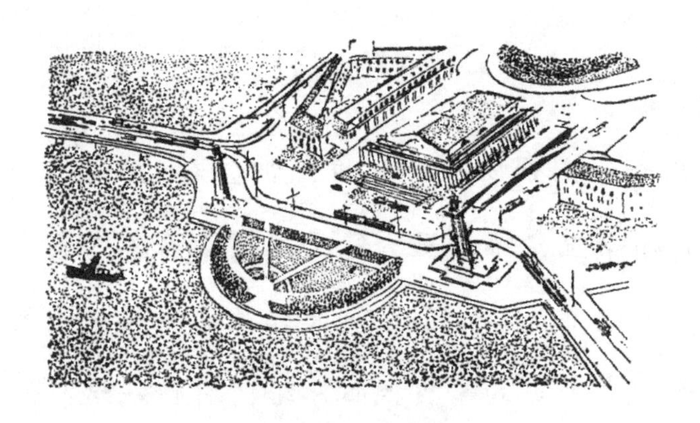

都市新闻

免费食堂

那些唱歌的鸟儿正因饥饿和寒冷受苦受难。

一些好心的城市居民在花园里或直接在窗台上为它们设置了小小的免费食堂。一些人把面包片和油脂用线串起来，挂到窗外。另一些人则把装着谷物和面包的篮子放在了花园里。

大山雀、褐头山雀、蓝山雀，有时还有黄雀、朱顶雀和其他的冬季来客，会成群结队地光顾这些免费食堂。

学校里的森林角

无论你走到哪一所学校，都会看到一个森林角。这里的箱子里、罐子里、笼子里生活着各式各样的小动物。这些都是孩子们在夏天远足的时候捉来的。现在孩子们有太多的事要操心：给所有住在这里的小动物喂食、喂水；要按每一只小动物的习性安置住处；还得小心看住它们，别让它们逃走。这里既有鸟类，也有兽类，还有蛇、青蛙和昆虫。

在一所学校里，孩子们给我们看了他们在夏天写的日记。看得出来，他们捕捉这些动物是有用的，不是闹着玩的。

6月7日这天写着："我们挂出了通告牌，要求把收集到的所有动物都交给值日生。"

6月10日，值日生的记录："图拉斯带回一只天牛，米罗诺夫带回一只甲虫，加甫里洛夫带回一条蚯蚓，雅科夫列夫带回了瓢虫和一种生活在荨麻上的小甲虫，鲍尔晓夫带回一只小鸟……"

而且几乎每天都有这样的记载。

“6 月 25 日，我们远足到了一个池塘边。我们捉了许多蜻蜓的幼虫和其他虫子，我们还捉到一条蝾螈，这正是我们非常需要的东西。”

有些孩子甚至描述了他们捕捉到的动物：“我们收集了许多水中的昆虫，还有青蛙。青蛙有 4 条腿，前腿有 4 个脚趾，后腿有 5 个脚趾。青蛙的眼睛是黑色的，鼻子有两个小孔。青蛙有一对大大的耳朵，青蛙给人带来很大的益处。”

冬天，孩子们凑钱在商店里买了些我们州没有的动物：乌龟、毛色鲜艳的鸟类、金鱼、豚鼠。你走进森林角去，那里的住户有毛茸茸的，有赤身裸体的，也有披着羽毛的；有叽叽叫的，有唱着悦耳动听的歌儿的，有哼哼唧唧叫的。那里简直像个名副其实的动物园。

孩子们还想出了彼此交换自己饲养的动物的好办法。夏天，一所学校抓了许多鲫鱼，而另一所学校养了许多兔子，已经安置不下了。孩子们就开始交换，4 条鲫鱼换 1 只兔子。

这都是低年级的孩子做的事。

年龄大一些的孩子就有了自己的组织。几乎每一所学校里都有少年自然界研究小组。

列宁格勒少年宫有一个小组，学校每年派自己最优秀的少年自然界研究者到那里参加活动。在那里，年轻的“动物学家”和“植物学家”学习观察和捕捉各种动物，学习如何照料动物及制作动物标本，学习收集植物和制作植物标本。

整个学年，小组成员经常到城外和其他各处去参观游览。所有人都就自己的观察和工作写下了详细的日记。

下雨和刮风，降露和酷暑，田间、草地、河流、湖泊和森林中的生灵，集体农庄庄员的农活，没有一样逃过少年自然界研究者的观察。他们研究的是我们祖国巨大而丰富多彩的资源。

在我国，未来的科学家、研究人员、猎人、动物足迹研究者、大自然的改造者正在茁壮成长。他们是前所未有的新一代。

森 林 报

第十二期

熬待春归月

（冬三月）

2 月 21 日到 3 月 20 日　　太阳进入双鱼宫

目 录

一年——分12个月谱写的太阳诗章

2月是越冬月。临近2月时，开始不断地刮暴风雪。狂风在茫茫雪原上飞驰而过，却不留下任何踪影。

这是冬季的最后一个月，也是最可怕的月份。这是啼饥号寒的月份，也是兽类发情、野狼袭击村庄和小城的月份——由于饥饿，它们叼走狗和羊，一到晚上就往羊圈里钻。所有的兽类都变瘦了，秋季贮存的脂肪已经不能保暖，不足以供给养分了。

小兽们在洞穴里和地下粮仓内的储备正在渐渐被耗尽。

对许多生灵来说，积雪现在正从保存热量的朋友转变成越来越致命的仇敌。树木的枝丫纷纷被厚重的积雪压断。山鹑、花尾榛鸡和黑琴鸡倒喜欢深厚的积雪，因为它们可以钻进里面安安稳稳地睡大觉。

然而灾难也接踵而至——白天融雪以后到夜里又严寒骤降，雪面上便结起了一层硬壳。任凭你怎么用脑袋去撞击，也撞不破这层冰壳，只能指望着太阳把这层冰盖烤化。

暴风雪一遍遍地横扫大地，把走雪橇的道路掩埋了起来……

能熬到头吗？

森林年中的最后一个月来临了，这是最艰难的一个月——熬待春归月。

森林里所有居民粮仓中的储备已经快用完了。所有兽类和鸟类都变瘦了——皮下已没有了保温的脂肪。由于长时间过着饥一顿饱一顿的生活，它们的身体变得很虚弱。

而现在，仿佛故意刁难似的，森林里刮起了阵阵暴风雪，严寒越来越无情。这是冬季能肆虐的最后一个月了，于是它越发地肆无忌惮，释放出最凶狠的寒气。每一头野兽、每一只鸟儿，现在必须坚持住，鼓起最后的勇气，熬到大地回春的时刻。

我们的驻林地记者走遍了所有森林。他们担心一个问题：野兽和鸟类能熬到春暖花开的时候吗？

他们在森林里看到了最不愿看到的一幕：有些林中居民受不了饥饿和寒冷，默默地死去了。其余的能勉强支撑，再熬过一个月吗？确实有这样一些动物，根本没必要为它们担惊受怕，它们的生命力顽强着呢！

玻璃青蛙

我们的驻林地记者打碎了一个池塘的冰层，从下面挖了些淤泥。在淤泥中有许多一堆堆钻进里面过冬的青蛙。

等把它们弄出来以后，它们看上去完全像是玻璃做的——身体变得很脆，细细的腿稍稍一碰就会断裂，同时发出清脆的响声。

我们的记者拿了几只青蛙回家。他们小心翼翼地在温暖的房间里让冻结成冰的青蛙一点点回暖。青蛙慢慢地苏醒过来了，开始在地上跳跃。

因此可以期待，一旦春季里太阳融化了池内的坚冰，晒暖了池水，青蛙就会苏醒过来，重新变得活蹦乱跳的。

迫不及待

当严寒刚刚有点儿消退，开始解冻的时候，各式各样的小东西就迫不及待地从雪地里爬了出来：蚯蚓、鼠妇、蜘蛛、瓢虫、锯蜂的幼虫……

只要哪儿有一角从积雪下解放出来的土地——暴风雪经常把露出地面的树根下的积雪吹光——哪里就是它们的游乐园。

昆虫要舒展它们麻木的腿脚，蜘蛛要觅食。没有翅膀的小蚊子直接光着脚在雪上又跑又跳。空中飞舞着长脚的蚋群。

等严寒一降临，各种娱乐活动便马上终止，小家伙们又躲到树叶下、苔藓里、草丛和泥土中藏了起来。

钻出冰窟窿的脑袋

一个渔夫正走在涅瓦河口芬兰湾的冰上。经过一个冰窟窿时，他发现从冰下钻出一个光溜溜的脑袋，脑袋上还长着稀疏的硬胡须。

渔夫以为这是溺水而亡的人从冰窟窿里浮出的脑

袋。但是那个脑袋突然向他转了过来，渔夫这才看清了，这是一张长着胡须的野兽的脸，脸皮绷得紧紧的，满脸长着闪着油光的短毛。

那两只炯炯发光的眼睛顿时直勾勾地盯着渔夫的脸。紧接着，扑通一声，那个脑袋沉入水面下消失了。

这时渔夫才明白，自己看见了一头海豹。

海豹在冰下捕鱼。它只是把脑袋从水里探出来一小会儿，好透口气。

冬季，渔民经常在芬兰湾趁海豹从冰窟窿爬到冰上时捕猎它们。

甚至常会有海豹追逐鱼儿而游入涅瓦河的事。在拉多加湖上有许多海豹，所以那里有了正式的海豹捕猎业。

抛弃武器

森林勇士驼鹿和雄狍抛弃了双角。驼鹿自己把沉重的武器从头上甩掉：在密林中将双角在树干上蹭啊蹭，直到蹭下来。

两匹狼发现这么一位头上没有角的勇士，便想袭击它。在它们看来，取胜是轻而易举的。

一匹狼在前面向驼鹿发动进攻，另一匹在后面堵截它的退路。

战斗结束得出乎意料地快。驼鹿用坚硬的前蹄踩碎了一匹狼的头盖骨，紧接着又转身把另一匹狼踢翻在雪地里。狼全身伤痕累累，好不容易才从对手身边溜走。

最近老驼鹿和狍子头上已经露出新角。这是尚未变硬的肉瘤，上面蒙着皮和蓬松的毛。

冷水浴爱好者

在波罗的海的加特钦纳火车站附近，一条小河上的冰窟窿边，我们的一位驻林地记者发现了一只黑肚皮的小鸟。

时值酷寒天气，虽然天空中太阳高照，我们的记者在那个早晨仍不得不多次捧起雪，去摩擦他那冻得发白的鼻子。

所以，听到一只黑肚皮的小鸟在冰上唱得这么欢快时，他感到十分惊讶。

他走近了些。这时，小鸟跳了起来，扑通一声跳进了冰窟窿！

“它会淹死的！”记者想，于是他赶快跑到冰窟窿边，想把失去理智的小鸟救出来。

谁知小鸟正在水下用翅膀划水呢，就像游泳的人用双臂划水一样。

它那黑色的脊背在清澈的水里闪烁着，宛如一条银晃晃的小鱼。

小鸟潜到水底，用尖尖的爪子抓住沙子，在那里快跑起来。跑到一个地方，它稍稍逗留了一会儿，用喙翻转起一块小石头，从下面捉出一只黑色的水甲虫。

不一会儿，它已经从另一个冰窟窿钻出来了，跳到了冰上，抖落身上的水，仿佛什么事都没发生一样，又欢快地唱起歌来。

我们的记者把手从冰窟窿里伸了进去，心想："也许这里有温泉，河水是温的？"但是他立马把手缩了回来，冰冷的水刺激得他的手生疼。

直到这时他才明白，在他面前的是一种水鸟——河乌。

这也是一种不守常规的鸟，犹如交嘴雀那样。它的羽毛上覆盖着一层薄薄的油脂。当河乌潜入水中时，涂有脂肪层的羽毛上的空气变成了一个个气泡，就泛起了点点银光。小鸟仿佛穿上了一件空气做的衣服，所以即使在冰冷的水中，它也不觉得冷。

在我们列宁格勒州，河乌算是稀客，只有在冬季才会经常出现。

在冰盖下

现在，让我们把目光转向鱼儿吧。

它们整个冬季都在水底的深坑里睡觉，它们上方是坚固的冰盖。这种情况很常见，往往发生在冬季行将结束的2月份——在池塘和湖泊里，鱼儿们开始觉得空气不足了。这时，它们抽搐着张大了的圆圆的嘴巴，大口地喘着气，升到紧贴冰盖的地方，用嘴唇吸冰上的小气泡。

难免会出现鱼类大量窒息而死的情况，于是到春季坚冰融化，当你手持钓竿来到这样的湖边时，才发现竟无鱼可钓！

所以，冬季我们得惦记着鱼儿，在池塘和湖泊里开几个冰窟窿，并留意别再让它们冻上，好让鱼儿有呼吸的空气，不至于被闷死。

春天的预兆

尽管在这个月份严寒还十分强势，但已非隆冬时节可比。尽管积雪依然深厚，却不再那么洁白和耀眼。它变得有点儿暗淡、发灰和疏松了。屋檐下挂起了渐渐变长的冰锥，冰锥上又滴下了融化的水滴。一眼看去，地面上已有了一个个水洼。

太阳露脸的时间越来越长了，它已经开始传送暖意。天空也不再那么冷冰冰地泛出一片惨白的蓝色，而是一天天地变得蔚蓝。浮云也不再是那灰蒙蒙的冬云了，它已经变得一层一层的，偶尔还会有低垂的巨大云团飘过天空。

刚出太阳，就有欢乐的山雀来窗口报信了："脱掉皮袄，脱掉皮袄！"夜里，猫咪在屋顶上开起了音乐会和比武大会。

森林里偶尔会敲响啄木鸟的鼓点。尽管它只是用喙在敲打树干，但听起来也颇像一首歌呢！

在密林最幽深的角落，在云杉和松树下的雪地上，不知是谁画上了许多神秘的符号、费解的图案。在看到这些图形时，猎人的心会顿时收紧，然后激烈地跳动起来：这可是雄松鸡——森林里长着大胡子的公鸡，用翅膀上的硬羽毛在春季坚硬的冰壳上画出的印迹。这就表明……松鸡的情场格斗，那神秘的林中音乐会很快就要开场了。

雄松鸡

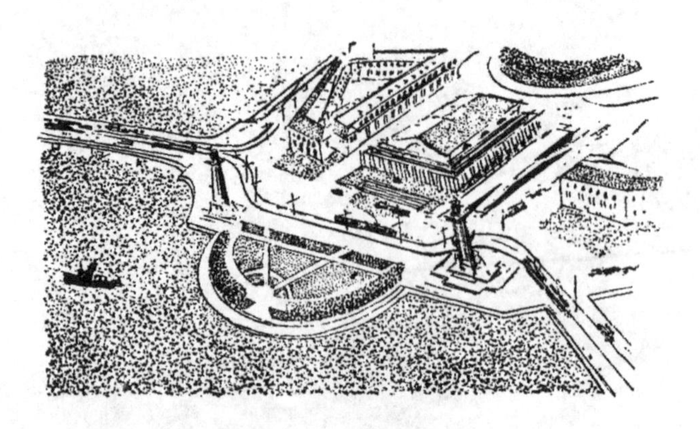

都市新闻

大街上的斗殴

在城里，已经能感觉到春的临近，大街上时不时地会发生斗殴事件。

街上的雄麻雀对行人毫不理会，彼此狠狠咬住对方的后颈缠斗着，厮打得羽毛满天飞。

雌麻雀从不参加斗殴，却也从不劝架。

每到晚上，在屋顶常发生猫打架的事件。往往打架的双方会以这样的方式分开：其中一只猫被对手打得一骨碌从好几层高的屋顶上摔落地面。

不过大可放心，机灵的猫是不会摔死的：它落地时总会四脚着地，最多脚会摔得瘸上几天。

修理和建筑

全城都在忙着修理旧屋和建造新房。

老乌鸦、寒鸦、麻雀和鸽子正在忙于修理自己去年筑的巢。去年夏天出生的年青一代正为自己建造新窝。对建筑材料的需求量迅猛上升：树的枝杈、麦秸、柔韧的树枝、干草、马鬃、各种绒毛和羽毛，都成了抢手货。

都市交通新闻

在街角的一座房子上有一个标记：一个圆中间有个黑色三角形，三角形里画着两只雪白的鸽子。

意思是："小心鸽子！"

这样一来，司机在拐过街角时会刹车，小心翼翼地绕过一大群聚集在马路上的灰色、白色、黑色和棕色的鸽子。大人和孩子们站在人行道上，向鸟儿抛撒面包和谷粒。

“小心鸽子”的交通标志是根据一名小学生托尼娅·科尔金娜的提议，最先悬挂在莫斯科街头的。如今，同样的标记悬挂在列宁格勒和其他各大城市，那里的街上车水马龙。人们常常边给鸽子喂食，边观赏这些象征和平的鸟儿。

光荣属于爱惜鸟类的人！

最初的歌声

在一个酷寒但阳光明媚的日子里，城里的各个花园里响起了春天的第一首歌。唱歌的是美丽的山雀。歌词倒十分简单：“津——奇——委尔！津——奇——委尔！”

就这么一句简单的歌词。不过这首歌听起来却是那么欢快，仿佛是这只金色胸脯的小鸟想用鸟类的语言告诉大家：“脱掉皮袄！脱掉皮袄！春天来啦！”

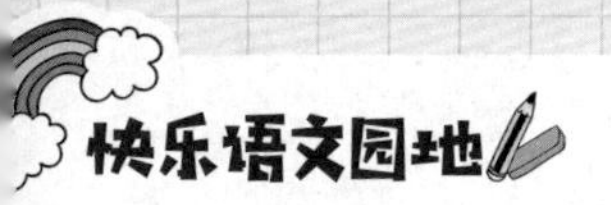

问题 1

请你思考下列题目，并在书中找到答案。

1. 按照森林年历，春季是从哪天开始的？

2. 刚出生的兔子能看得见东西吗？

3. 什么鱼会编织窝？

4. 哪一种动物会在树上风干蘑菇？

5. 为什么许多野兽和鸟类要在冬天离开森林，向人类的居住地靠拢？

问题 2

阅读了《动物住房面面观》一章后，你能试着写出在以下位置安家的动物的名称吗？

位置	动物
空中	
草丛里	
树洞里	
地下	
水上	
水下	

问题 3

《森林报》的部分章节对同一个时间、不同地方的不同现象进行了描绘。你能找到书中 6 月 22 日不同地方有什么不同现象吗？你可以用列表的方式，也可以用画图或者其他形式呈现。

问题 4

《森林报》虽然是一本科普读物，可是有的同学觉得它比很多故事还要有趣。这是因为本书作者维·比安基特别擅长说“俏皮话”，他在书中运用了大量的童话式、电报式、广告式的写法。

摘录几句你喜欢的俏皮话，并仿照着这种方式写一写你在大自然中的发现吧！